鹈鹕丛书

A PELICAN BOOK

如何像人类学家一样思考

Think Like an Anthropologist

［英］马修·恩格尔克 著　　　陶安丽　译

上海文艺出版社

献给

丽贝卡

目录 | Contents

导论：熟悉与陌生

1879 年夏天，弗兰克·汉密尔顿·库欣（Frank Hamilton Cushing）从史密森学会（Smithsonian Institution）的工作中抽身出来，前往新墨西哥州做三个月的研究。在美国联邦民族志管理局（Federal Bureau of Ethnology）的资助下，他的任务是尽可能地搜集"有关某个普韦布洛印第安人（Pueblo Indians）典型部落"的一切。[1]

库欣最后在祖尼人（Zuni）那儿安顿了下来。他们是普韦布洛印第安人的一支。库欣被祖尼人的耕作和灌溉方法、畜牧养殖技术、制陶手艺以及精心编排的仪式舞蹈深深吸引。他在那里待的时间比预期的三个月要久，而且久得多，他待了将近五年。1884 年返回华盛顿时，他已经可以说一口流利的当地语言，能够做像样的陶器，还获得了"美国民族学助理研究员"以外的新头衔——"祖尼首席战争首领"。

在调查祖尼人部落期间，库欣发表了数篇论文。其中一个系列的文章标题相当平淡，就叫《祖尼人的面包》（Zuni

breadstuffs）。但实际上，祖尼人对食物和种植作物的态度，与无聊和乏味完全不沾边。库欣的这些论文不仅让我们了解到祖尼人如何种地和烤玉米面包，在这系列的文章里，库欣还强调了"地主之谊"（hospitality）在当地文化中的重要意义，描述了祖尼人的祖父母辈如何向孙辈灌输耐心、尊重和辛勤工作等价值观，同时还诠释了"卡卡"（Kâ'-Kâ）庆典中的丰富象征意义如何突出了入赘婚姻（指丈夫婚后住在妻子家宅的土地上）[2]这一习俗的重要性。透过这些围绕祖尼人有关食物的风俗展开的文章，我们可以看见他们的一整个文化，以及一个社会是如何通过社群纽带和互助互惠在长期严酷的自然环境中保持繁荣。"耐心的读者，请原谅我在祖尼人的玉米地上啰嗦了这么久，"他写道，"无论我们多么仔细地观察这些玉米由绿色渐渐成熟，变得金黄，对那些晒得黝黑的种植者的规则和实践，我们瞥到的，还只是冰山一角。"[3]

2000 年，凯特琳·扎罗姆（Caitlin Zaloom）从加州大学伯克利分校出发，前往伦敦研究期货贸易。1998 年，扎罗姆曾在芝加哥商品交易所里做过六个月的传价员（runner）。传价员的价值通过了时间的检验：正如这个名称的字面意思，他们要在交易大厅的各层之间奔跑穿梭，把记满了从电话那头传来的客户指示的小纸条送到准确的地方。芝加哥交易所就是"一场金融业大混战"，她这样写道，"传价员们经常在路上互相推搡，用手肘开路"，"环境嘈杂，震耳欲聋"。[4]但真正困扰这些野心勃勃的资本家们的并不是楼层里的混乱，而是电子时代的来临。交易电子化即将在几年内改变整个行业的工作内容。像在芝加哥时一样，扎罗姆在伦敦也是天一亮就起床去金融城里上班，但她再也不用披上交易员的大外套，和她的同僚们在交易大厅里推来挤去了。"我每天花九个小时盯着电脑屏幕，手指始终轻轻地放在鼠标上，随时准备好在获利机会可能出现的那一秒钟点下去。"[5]

以德国国家债券期货为对象，可能比研究祖尼人的玉米地更适合探寻权力的运作机制，然而它也算不上是什么令人着迷的题目。但对扎罗姆来说，期货交易是一扇通向更广阔的市场、道德体系和各种关于理性的设想的窗口，它展现了全球化进程，自身又被新技术、市场体系和特定文化背景下的交易系统所塑造。电子交易让她格外感兴趣，因为它承诺提供一个真正"自由"的市场、基于电子系统的理性和脱离了实体的交易模式，淘汰了人与人之间笨拙的操作。脱离了实体的交易大厅，电子交易系统给你的承诺就好像你可以走出自身所在的文化，你把自己从偏见和背景等可能妨害利润的因素里解放了出来。但扎罗姆清楚地阐明了，这一承诺并没有兑现，这很大程度上是因为你不可能脱离自己的文化，因此也不可能在不受文化影响的环境下进行期货交易。

库欣对祖尼人的研究，以及扎罗姆在伦敦的研究，就是人类学。过去的一百五十年里，对人类的文化表达、习俗

（institutions）以及信仰的好奇，驱动着人类学学科的发展。是什么让我们成为人类？有什么是为一切人类所共有的，又有什么是得自社会和历史环境中的传承？种种看似微不足道的细节，例如玉米的文化意义或电脑的运用，能告诉我们哪些关于自身的知识？

人类学始终在自然与文化、普遍与特殊、模式与多元、相似与差异的交叉处展开研究。这些研究具体的开展方式已随着时间变化。在库欣做研究的那个时代，以查尔斯·达尔文的生物学发现为范本的社会进化理论，主导了当时新兴的人类学学科看待文化多样性的方式。那时，祖尼人被认为处于人类发展的一个不同的、更为早期的阶段。今天，扎罗姆这样的人类学家则更可能会认为，应该把小型社会中的物物交换行为和如今网络空间里的电子交易放在同样的框架中考察。当然其他的一些方法也曾占据主流，甚至在今天仍然存在几个泾渭分明的阵营：有认知人类学家，也有后现代人类学家，还有马克思主义者和结构主义者；而大多数——包括我在内——会倾向于不给自己贴标签，而是从自身独特的观察和研究出发，但是文化的牵系又将他们联结在一起。

本书主要讨论的，就是库欣和扎罗姆所做的这类工作，即通常被称为社会人类学或文化人类学的研究。这也是我所从事的那一类人类学研究，因而我会对其有所侧重。然而不是所有的人类学家都在某个特定的地方或是社区里研究活着的、会呼吸的人类。在有些国家的研究传统里，人类的生物和演化特性，与文化特征同样被视为研究对象。考古学和语言学也常常是人类学的重要部分。换句话说，有些人类学家关注牙齿和髋骨；有些通过关注史前人类选取定居点的规律来探究农业和冶炼钢铁技术的出现，以及国家的形成；还有一些研究班图人（Bantu）的名词分类和音韵学（对语言中声音用法体系的研究）。考古学和语言学两者同文化的联系非常显著：归根结底，考古学关心的是我们常称为"物质文化"的东西，而语言和文化是一枚硬币的两面。（绝大多数语言人类学家研究语言的实际用法，而不是它抽象的正式规则，这意味着他们研究的是在一个个具体的时刻、具体的环境中的语言使用，这一点和文化人类学家的工作很像。）然而，即使是对专注于骨骼和演化研究的人类学家来说，文化的各个构成要素仍然是他们的核心兴趣之一。生物人类学家通过研究人类大脑的容量、牙齿的组成和股骨的硬度来告诉我们关于语言起源、工具使用和直立行走的信息。总而言之，他们想要研究的是文化。

初次接触：一场个人经历

我清楚地记得我读过的第一篇人类学文章。当时我大学一年级，在芝加哥一个寒冷的夜晚蜷缩在图书馆里。我记得这么清楚是因为它让我大受震撼。它挑战了我观察世界的方式。你可以认为它引发了一次小型文化冲击。这篇文章题为《原初丰裕社会》(The Original Affluent Society)，作者马歇尔·萨林斯(Marshall Sahlins)是人类学界最重要的人物之一。在这篇文章中，萨林斯详细描述了那些现代西方人对经济理性和行为的看法(例如经济学教材所阐述的那些)背后的前提和预设。在论述中，他揭示了人们对史前狩猎-采集族群的偏见和误解。这些族群具体来说就是在卡拉哈里(Kalahari)沙漠、刚果森林和澳大利亚或其他地方过着流动生活的部落，他们的财产极少，也几无精致的物质文化可言。他们猎捕野生动物、采集浆果，随时准备按需要迁徙。

萨林斯称，以往的教科书预设这些人是生活悲惨、常常饿肚子，每日挣扎求生。看看吧：他们最多就只有一条裹腰布穿，没有固定的居所，也几乎没有财产。这种对"匮乏"的预设来自另一个更为基本的预设：比起已经拥有的，人类总是想要得更多；希望用有限的手段，去满足无限的欲望。根据这种思维方式，我们必然会推导出狩猎者和采集者处境惨淡，他们如此生活是迫不得已，而非出于选择。在西方人的眼里，狩猎-采集者"装备着中产阶级的欲望和旧石器时代的工具"，因此"我们预先断定了他的绝望处境"。[6] 然而，通过一系列的人类学研究，萨林斯表明在狩猎-采集者看待生活的方式里，"欲望"的成分非常少。比如澳洲和非洲的许多这样的群体中，成年人平均每天为了满足生活所需而工作的时间不超过三到五小时。人类学家研究这些社群后意识到，这些人可以做更多的工作，但他们**并不想这么做**。他们没有中产阶级的欲望，他们的价值观与我们不同。"这个世界上最原始的族群拥有非常少的东西，"萨林斯总结道，"但他们并不贫穷……贫穷是一种社会地位，它本身是文明的产物。"[7]

读了萨林斯之后，我再也无法用以前的方式来谈论"丰裕"。我无法再想当然地继续持有自己之前关于它意味着什么的预设，因为我的预设常常危险地披上了"常识"的伪装。我从萨林斯那里第一次意识到，对于某些词语的用法和意涵，我只是自以为了解。这种情况后来又出现过很多次。作为一名学生，我很快认识到人类学非常善于质疑概念，质疑"常识"。这个学科里有一句为人熟知的老话：我们"让熟悉的变得陌生，让陌生的变得熟悉"。这句话已经成了老生常谈，但事实也的确如此。这种质疑和颠覆的过程是人类学的恒久价值之一。

在接下来的章节，我将从萨林斯那里，从每一位优秀的人类学家的工作里撷取内容，以此为出发点开始探讨和质疑一系列概念。它们不是专业术语，都是一些你非常熟悉的词。事实上，我着意选择了一些日常词汇。通常来说，日常事物正是人类学家的兴趣所在。我会从人类学的根本关切——"文化"出发，接着再考察另外一些概念：文明、价值观、价值、血缘、身份认同、权威、理性和自然。这只是一个最粗略的列表，我非常清楚其中遗漏了什么。"社会"呢？还有"权力"呢？但是现在我们没有必要做到面面俱到，总会有别的术语可以添加进来。这本书某种程度上是一幅指导性的地图，它的目的是为探索更广阔的疆域——我们生活的疆域——提供指引。对他人生活的认识事关重大，我们自己的生活始终是由此才得到界定。

人类学并不只是提出批判，不只是指出我们对"丰裕""文明"以及"血缘"的理解是因文化而异的，或甚至被常识中的盲区所遮蔽。人类学还给出解释。尤其是，它解释了何谓文化以及它如何成为人之为人的关键。我们不是机器，我们并非被强烈的"人类本性"所控制，也并不单纯是基因的产物。我们可以做选择。狩猎采集者同样可以做选择，从历史的角度来看，他们经常做出选择，去培养平等主义的价值取向，同时弱化财产的重要性，以此维持他们的生活方式。居无定所的狩猎和采集生活要靠两个要素来维系：资源共享，但不鼓励社会分层和物质积累（毕竟，东西太多只会拖慢你的步伐）。比如，住在坦桑尼亚的哈扎人（Hadza）直到 20 世纪 60 年代仍在从事狩猎采集活动，并选择不去采取附近放牧者的生活方式。

我们的"选择"当然常常被限制。环境和文化传统（我们不能凭空将它们制造出来）限制着我们，同样，更广泛的社会和政治趋势也在起作用。萨林斯发表《原初丰裕社会》是在 1972 年。在那个时候，人们选择居无定所的流动生活的能力就已经严重受限了。殖民扩张常常使得游居群体赖以生存的土地被占领或是被重新分配。萨林斯发现，我们**确实**看到了这些狩猎-采集者过着贫穷的生活，但更应该将其视为"殖民胁迫"的结果，也就是说，将他们强行拖入"文明"轨道的结果。[8] 这就是他所说的"贫穷是文明的产物"。直到今天，这种胁迫仍在继续，但更多的是在全球化的名义下进行的。在过去的五十年里，哈扎人失去了90%曾用于狩猎活动的土地。[9] 类似的故事在世界各地都在上演，从纳米比亚的卡拉哈里沙漠到马来西亚的森林，如今的狩猎-采集者不再有那么多选择了。我从《原初丰裕社会》里学到的另一件事是：没有一种文化是孤立存在的。没有一种文化是真正"原生"的；我们可以说，每一种文化都在迁徙和传播的进程中。

作为学科的人类学

在进行具体问题的集中讨论之前，提供一些人类学的学科背景可能会帮助理解。这本书不是要叙述人类学的历史，但我将重点介绍一些学科史上的关键人物、发展轨迹和趋势，因为人类学产生和发展的故事可以使我们对现代各个学科整体获得更深入的理解。介绍一些人类学的发展背景，还会对了解人类学的分支领域——社会和文化人类学起到重要作用。它们并不像考古学和生物人类学那么广为人知。我是一位文化人类学家，但直到今天，有些亲戚仍以为我的工作是在野外挖掘陶罐碎片和测量头骨。而且，对社会－文化人类学传统略知一二的人可能会觉得，人类学的研究范畴是祖尼人，而不是伦敦——伦敦是一个西方的"现代"城市，因此是社会学家的领地。的确，传统上人类学家倾向于研究非西方世界，但早已有例外情况出现。比如，早在 1951 年就出现过关于好莱坞的优秀的人类学研究。[10] 人类学绝非仅限于雨林或手鼓。

　　我们今天所知的人类学只有一百五十多年的历史。大不列颠及爱尔兰皇家人类学会成立于 1848 年。1851 年，路易斯·亨利·摩尔根（Lewis Henry Morgan），一位来自纽约上州的律师，出版了《易洛魁联盟》（*League of the Iroquois*），随后接着撰写了一系列关于美洲原住民亲属制度的开创性研究论文。在法国，人类学教授职位的首次出现是在 1855 年巴黎的法国国家自然历史博物馆[11]（Musée d'histoire naturelle）。在现代谱系里，这是有据可循的最早的源头。将一些更早的人物称作人类学研究的先驱，这在人类学界并不罕见：例如备受推崇的蒙田（1533—1592）和希罗多德（公元前 484—426）。这两位都因为拥有"人类学的敏锐感知力"而著称。希罗多德曾去遥远的地方旅行，并为希腊人带回了对"他者"的详尽描述。蒙田没做过这样的旅行，但在他的重要文章《关于食人族》（Of Cannibals）中，他曾努力与图皮南巴族印第安人（Tupinambá Indians，今属巴西）对话。他们被带到法国和蒙田在鲁昂见面。在这篇文章中，他恳求他的读者不要急于评判图皮南巴族印第安人所谓的野蛮和残暴（有传言称图皮南巴人吃了他们的葡萄牙人俘虏），而是期待我们用整体性的视角，在更全面的图景中理解他们的日常活动和生活方式。

无论是在这些早期案例，还是在我此前简单提到的成熟的人类学案例之中，我们都能发现两个显著的关键特征：一是田野调查的重要性，二是文化相对主义的原则。不了解这两个特征，就不可能理解人类学。

田野调查一直是人类学家成长之路中最重要的"通过仪式"（rite of passage）。虽然有些学科奠基人更适合被称为"安乐椅人类学家"（因为他们的工作主要依赖别人的实地工作和报告）；尽管在某些地方（例如法国），实证研究和理论建构之间素来存在着泾渭分明的劳动分工，但在大多数时候，除非你在自己的研究对象中间生活过一年或更久，否则你的研究根本不会被认真对待。有些人类学家在田野中开始了他们的职业生涯，但后来不常回去，或者就再也没回去过，转而以更理论化和概念化的方式来继续人类学研究。实际上，一些最重要的人类学思想者并非田野调查的忠实拥趸，但在几乎所有的案例中，他们都是通过田野调查来开启研究，并证明自己作为优秀研究者的素质的。

田野调查的核心是参与式观察（participant observation）。它的确切含义在不同的情景下有所不同。如果你在祖尼人或是印度切蒂斯格尔邦（Chhattisgarh）的小村子里，这就意味着你要完全沉浸在当地的环境里。你应该和当地人一起吃、住，学习他们的语言，参与他们尽可能多的活动。简而言之，用非学术的语言来形容，就是你应该**四处闲荡**和**做这做那**。如果你在伦敦，完全沉浸在环境中可能会有点挑战。显然，并非所有的期货交易员都住在像普韦布洛人的泥砖房那样的地方，而且他们可能并不会定期邀请你去他们家里共进晚餐。这并不是说英国人不好客，只是他们不像 1879 年的祖尼人那样，将尽地主之谊当成头等大事。就像扎罗姆所做的那样，你应该彻底深入到你所研究的工作里（或是教会里、赌场里，总之是任何碰巧成为你田野调查对象的事物），你自己也应该像其他交易员一样追逐利润，因为你需要学会理解的是这些你正在研究的对象的想法、行为和生活方式。我总是告诉我的博士生一件事，一名田野调查者就好像学校里那个总是想和每个人一起玩的孩子。"嗨，最近怎么样？我能加入么？"这就是人类学家在田野点的状态。

在参与式观察和"成为本地人"（going native）之间有一条细微的界限。人类学家不应"成为本地人"*，因为这会让你

---

*　除非他们自己**就是**"本地人"。日本人类学家大贯惠美子（Emiko Ohnuki Tierney）就是一个例子（1984）。她在神户研究"她的族群"。然而本土人类学家是一类有争议的群体，引发了许多讨论。通常在非白人或是非西方的情境下，一个研究者才会被认为是"本土"的。所以如果你是日本人，研究日本，那么你就是本土人类学家。但如果你是白种美国人，研究例如好莱坞，那么你很可能不会被称为"本土人类学家"。这些争论让我们注意到人类学的殖民主义史里一些重要的信息。总的来说，反对"本土化"的主要论点是，一位人类学家不能仅仅站在研究对象的视角去描述世界。做人类学，始终应该留有某种批判的距离。

失去做出分析所需的批判的距离（critical distance），它同样也会导致伦理问题。在库欣的田野工作中，有几个时刻他进入得太深了（事实上，他越界了）：开枪打纳瓦霍人（Navajo）的马（他声称这些马被错误地带进了祖尼人的领地），带领了一场对盗马贼的突袭（造成两人死亡），甚至曾剥下过阿帕奇人（Apache）的头皮作为战利品。库欣被当地人任命为战争首领，而剥头皮是他这个地位的男人必须要做的事情。库欣曾让一位美国参议员暴怒，因为他揭露了这位参议员的女婿欺诈土地的行为。这导致库欣被民族志管理局召回。"如果一个文明的白人通过购买仅能获得 160 英亩的土地做家宅，而一个印第安人获得超过 1000 英亩的土地却一分钱也不用花，"这位愤怒的参议员写道，"那白人难道不是最好学库欣的样儿，去做一个祖尼印第安人么？"[12]

库欣也许成功地在大搞暗箱操作的政治精英面前捍卫了祖尼人的名誉，但我们不能忘记他受雇于美国政府，并且是在最残酷、血腥的美国西进运动后不久来到祖尼人的地界的。1994 年，祖尼艺术家菲尔·豪特（Phil Hughte）出版了一系列关于库欣的漫画，这组漫画准确地捕捉了人类学家的矛盾之处。一些漫画赞美了库欣与祖尼人社群的深厚情谊；另一些漫画传达的感情则更加矛盾，甚至是愤怒，它们所描绘的是库欣被豪特和许多其他祖尼人视为背叛和欺凌的行为——包括回到华盛顿后为他的同事们重现祖尼人的秘密仪式。豪特书中的最后一篇漫画描绘了库欣之死，1900 年的一次晚餐中，他被鱼骨卡住喉咙身亡。当时他正在佛罗里达主持一场考古挖掘。这幅漫画题为《最后的晚餐》。豪特告诉我们："作这幅画让我感到愉快。"[13]

豪特的幸灾乐祸并不难理解。人类学常被视为殖民主义的帮凶。在某些方面，它的确曾经服务于，并且现在依然可以服务于殖民主义——表现为新殖民主义或新帝国主义的形式。在美国，这已经从 19 世纪的"印第安人事务"，发展到 20 世纪 60 年代在拉丁美洲和东南亚开展的一系列有争议的特别行动和镇压叛乱计划。2006 年到 2014 年，美国又在伊拉克和阿富汗进行了另一项有争议的镇压叛乱的行动。这项行动很大程度上由一位人类学家策划，并由许多人类学家参与执行。[14] 在殖民帝国的全盛期，英国、法国、德国、比利时、荷兰和葡萄牙的人类学家要么为政府工作，要么也与殖民官员走得很近，大英帝国的许多殖民地军官本身就是接受人类学训练的研究者。

但是即使在早期，对人类学本身的承诺和人类学家与研究对象间的情感纽带，也曾压倒殖民议程的需求，甚至与其目标背道而驰。在许多意义上，库欣都展现了人类学家能做的最好的和最坏的事。而我们不该忘记最坏的那些。不过在今天，可以肯定的是，许多人类学家都积极捍卫他们研究的社群的利益（而且**不是**通过剥下敌对者的头皮）。他们宣扬群体权利，公开批评有害的或是适得其反的政府和非政府机构项目，抗议采矿公司和木材加工厂在巴布亚新几内亚和亚马孙热带雨林的攫取。保罗·法默（Paul Farmer）是一名医生兼医学人类学家，也是一家名为"健康伙伴"（Partners In Health）的医学非政府机构的创始人之一，同时还在海地参与建立了公理暨民主研究所（Institute for Justice and Democracy）。在英国，许多人类学家是庇护法庭的专家证人，提供他们关于案件相关国家如阿富汗、斯里兰卡、津巴布韦或是其他地区的专业知识。

如果说田野调查是人类学标志性的研究方法，那么文化相对主义（cultural relativism）就是其标志性的模式。在某种意义上，一切人类学都以此为基础。简单来说，文化相对主义就是一种重要的自我觉察：我们用以分析、理解和判断事物的方式并非放之四海而皆准，也并非理所当然。但这种简单解释并不是任何时候都能起效，文化相对主义是人类学中最容易被误读的理念之一，甚至可以说，许多人类学家自己也错误地理解了它。实际上，并非所有的人类学家都是文化相对论者，但他们都会借助文化相对主义来完成工作。

解释文化相对主义不是什么，常常有助于我们理解它的真正内涵。克利福德·格尔茨（Clifford Geertz）的论文《反－反相对主义》（Anti Anti-relativism），是关于这一主题最重要的文献之一。他是一位天才的写作者，并不是所有人都能如此直接地正面讨论这样一个微妙的话题。

文化相对主义并不是让你全盘接受其他人所做的、你可能觉得不正义或是错误的事情。文化相对主义并不意味着你不能有坚定的价值观，它甚至也不意味着作为一名学者（或是诗人、教士、法官），你不能就整个人类的境况，或是在跨文化的框架内，做出真确的，或仅仅是总括性的论断。文化相对主义并不要求你谴责统计数据，嘲弄《世界人权宣言》，接受切除女性阴蒂习俗的存在，或是声称自己为无神论者。这些都是常见的对"相对主义者"的指控——他们否认存在确凿的数据，没有道德底线甚至道德标准。这些都与人类学家利用相对主义开展研究并理解人类境况的实际方式没有关系。

换一种说法就是，文化相对主义是一种影响着整个人类学研究方法的敏感性（sensibility）。它是一条路径，一种风格。它帮助人类学家避免陷入这样一种陷阱，即假定他们自己的某些常识，甚或是建立在广博知识之上的理解，是不证自明且放之四海而皆准的，比如关于正义、丰裕、父权或是宗教生活的基本形式的观念。对一个人类学家来说，能够去理解在地居民关于正义、丰裕、父权和宗教的地方性看法是至关重要的。实际上，人类学的研究对象时常对这些术语感到迷惑。**艺术？那是什么？宗教？啊？俄狄浦斯？谁在乎？自由？在我们看来，这可算不上自由。**我们已经从萨林斯对原初丰裕社会的讨论中获得了一些线索。从根本上讲，文化相对主义应该提供一种途径，以帮助我们理解布罗尼斯拉夫·马林诺夫斯基（Bronislaw Malinowski）所谓的"土著（native）的观点，他与生活的联系"；其目标是"理解**他**眼中的**他的世界**"。[15]下面我们就将谈到马林诺夫斯基其人。

学科的诞生

人类学从最初的业余爱好，或曰"绅士"的知识追求发展为一个专业化的学科花了几代人的时间。库欣做祖尼人研究的时候，美国的大学里还没有人类学系；社会科学在其中占有一席之地的现代大学体系，当时还未完全成型。库欣进入了康奈尔大学，但并未获得学位。在英国，爱德华·伯内特·泰勒（Edward Burnett Tylor）最终得以在牛津大学获得一个教授讲席，但他却从未上过大学。他能够成为一名人类学家，部分是因为他的父母是中产阶级贵格会教徒，有财力将自幼多病的他送去加勒比地区，期待那边的气候对他的身体有益。在那里，他遇到了一位真正的绅士探险家亨利·克里斯蒂（Henry Christy），他们一起前往墨西哥，其间泰勒尝试动笔创作维多利亚时期的流行文学体裁：异域冒险故事。他以拉丁美洲旅行经历为题材的作品获得了成功，并促使他进行更系统、更大胆的研究，也就是1871年发表的《原始文化》

（*Primitive Culture*）。第一次大型的"人类学"远行探险则是1898 年由剑桥大学组织的，参与者是一些受过精神病学、生物学和医学训练的男性。

　　早期的学科代表人物为使人类学进入现代大学体系做出了诸多努力。马林诺夫斯基常被视为英国社会人类学的奠基人（尽管他和他的许多学生都不是英国人）。他曾言辞激烈地批评过业余主义（amateurism），也曾就"方法论的法则和秩序"写过一篇宣言。马林诺夫斯基对维多利亚时期那类英国"绅士探险家"不屑一顾，对善心的殖民地长官和传教士们也毫无兴趣，因为这些人的观察，"令一个追求客观、科学视野的头脑感到极度厌恶"[16]。他定下了一个规矩，要像三十年前库欣做过的那样，进行参与观察式的田野调查。他的经典著作《西太平洋上的航海者》（*Argonauts of the Western Pacific*, 1922）就是基于他在特罗布里恩德群岛两年的田野调查工作写成的。马林诺夫斯基大部分时候把他的帐篷扎在努阿加斯海滩上，住在当地居民中间，因为他可不想跟殖民地官邸那些气派的檐廊沾上什么关系。20 世纪 20 至 30 年代，他在伦敦政治经济学院培养，或说影响了几乎所有人类学界的后起之秀，比如 E. E. 埃文思－普里查德（E. E. Evans-Pritchard）和埃德蒙·利奇（Edmund Leach）——他们都是地道的英国人，雷蒙德·弗斯（Raymond Firth）——一个新西兰人，艾萨克·沙佩拉（Isaac Schapera）和迈耶·福蒂斯（Meyer Fortes）——这两位是南非人。弗斯和沙佩拉后来在伦敦政治经济学院继续做研究，埃文思－普里查德去了牛津，利奇和福蒂斯去了剑桥。在所有这些大学里，人类学都开始作为重要学科发展壮大。

在美国，德国流亡学者弗朗茨·博厄斯（Franz Boas）在哥伦比亚大学的建树，与马林诺夫斯基在伦敦政治经济学院的成就不相上下，而他做出这些工作用了更久的时间，从1896 年到 1942 年。他的学生包括玛格丽特·米德（Margaret Mead）、鲁思·本尼迪克特（Ruth Benedict）、梅尔维尔·赫斯科维茨（Melville Herskovits）、佐拉·尼尔·赫斯顿（Zora Neale Hurston）、爱德华·萨丕尔（Edward Sapir）、罗伯特·路威（Robert Lowie）和阿尔弗雷德·克鲁伯（Alfred Kroeber）。这些人中的几位，特别是米德，后来变得家喻户晓，作品广为流传。其他人接着又建立了新的人类学研究中心，比如加州大学伯克利分校的人类学系。克鲁伯在伯克利教学超过四十年，路威也超过了三十年，赫斯科维茨在西北大学也有着类似的长期职业生涯。*

在初期的这几代学者中，特别是在美国，"抢救民族志"（salvage ethnography）的任务常常是他们最大的驱动力：记录

---

* 如同在其他学术和职业领域中一样，人类学领域的女性，特别是早些年，也经常会遇到"玻璃天花板"。米德和本尼迪克特都没有得到顶尖大学的教职，尽管她们有着卓越的成就和名望。

那些将被现代性的扩张逻辑摧毁或同化的、正在消失的族群的生活方式。克鲁伯的一项重要研究很好地完成了这一任务。在 20 世纪的第一个十年中，他与一个叫伊希（Ishi）的人密切合作。伊希是生活在加利福尼亚州的亚希人（Yahi）族群唯一的幸存者。克鲁伯和他在伯克利的同事们竭尽全力记录下这最后一位"野人"当时可以记起的全部信息。博厄斯本人也因他所记录的浩如烟海的卷宗而闻名。人类学学科发展史的爱好者可能会津津乐道于博厄斯的"五尺架"，指的是他一生中写下的、足足可以摆满一个五英尺高书架的珍贵著作和论文。其中有些是关于西北海岸美洲原住民交换系统的经典研究，还有一些是他们制作蓝莓松饼的食谱。虽然博厄斯在类似的论题上缺乏库欣的耀眼天赋，但他却进入了人类学的正典。这不仅是因为许多学科初期的人类学家都是在他手下接受训练的，还因为他塑造了我们至今仍在遵循，或者说试图克服的人类学范式。

货物售出，概不退换!

给人类学撰写导论并不容易——你无法面面俱到。所以，读者需要意识到，你面前的这本书并未涵盖关于人类学的一切。我已经强调过，我将在本书中重点关注社会和文化人类学，而非人类学的其他分支。另外如上文所述，我将重点探讨从英国和美国发展出来的人类学传统。不过，在此之前有几点内容需要事先提醒读者注意。

首先，虽然英国和美国的人类学分支在最开始时，的确各自形成了相当明确的传统，但随着时间推移，两者都发生了变化和拓展。马林诺夫斯基和博厄斯都是个性极强的人。他们建立了实力雄厚的学术派系，影响广泛而深远。他们的作品至今仍有读者，特别是马林诺夫斯基（虽然博厄斯的学术遗产可能影响更为深远）。但他们两位并不是人类学领域仅有的重要人物。鉴于这门学科的研究视野逐渐打开的方式，如今不太可能出现像过去那样封闭一贯的传统了。我们现在仍然会认为"美国文化人类学"和"英国社会人类学"在很多方面有所区别，但有不少美国人在英国教书，也有英国人在美国教书。在顶尖的人类学系攻读博士的研究生接受的完全是多国别和世界性的训练（远远超越了英美世界）。当然还要记住，英国社会人类学的奠基人是波兰人，而美国文化人类学的建立者是个德国人。

这就引出了第二点：人类学研究中，始终存在大量国家间的交流。另一位重要人物是英国人 A. R. 拉德克利夫-布朗（A. R. Radcliffe-Brown）。某种程度上他可以算是马林诺夫斯基在英国的传人（尽管马林诺夫斯基本人绝不会这么说），20 世纪 30 年代他因在芝加哥大学教书而在美国拥有极大的影响力。芝加哥大学也从那时开始成为人类学研究的领军力量，而且总是能从美国的学术传统之外招揽到知名学者加入。拉德克利夫－布朗也在澳大利亚和南非任教过。另一个具有很强的人类学传统的国家——法国，也和英美两国有着联系。特别是因为战时流亡的克洛德·列维－斯特劳斯（Claude Lé-vi-Strauss），法国与美国的关系更为密切。20世纪40年代他居住在纽约。他能够完成对结构主义的重大开创性研究，部分要归功于博厄斯及其学生在案例研究中所提供的丰富民族志材料。尽管他们从事的人类学研究截然不同，但两人之间的亲密关系却别具意义，令人无法企及。1942年博厄斯去世时，列维－斯特劳斯正与他共进午餐。根据这位法国人类学家的描述，博厄斯是在他的怀里停止呼吸的。不过，许多年后，是英国社会人类学家埃德蒙·利奇成了列维－斯特劳斯学术成果在英文世界的主要倡导者和拥护者，而另一位重要的英国人类学家玛丽·道格拉斯，也深深得益于他开创的结构主义研究。

最后，其他地区的人类学传统也十分值得一提，比如巴西、荷兰、比利时、加拿大、南非、澳大利亚、印度和所有的斯堪的纳维亚国家（事实上，斯堪的纳维亚人数十年来一直在做出与其体量相较更大的贡献）。实际上，巴西当代人类学家爱德华多·维韦罗斯·德卡斯特罗（Eduardo Viveiros de Castro）是当下最具影响力的学者之一。我们将在之后了解他的一些观点。如今的人类学领域有更多层次的身份认同和关联，比如知名的德国人类学家在荷兰的大学执教，或是英国人、美国人、比利时人和荷兰人同时领导着声名远扬的、致力于人类学研究的德国马克斯·普朗克研究所（Max Planck Institutes）。另一位当今著名的人类学家塔拉尔·阿萨德（Talal Asad），出生于沙特阿拉伯，成长于印度和巴基斯坦，在英国受教育，在美国成名。简单来说，你在读过这篇序言之后，就不会想当然地认为，人类学在当今这个由民族国家构成的世界中的定位是一个简单的故事了。

人类学也不止于学院里的研究。我们已经从前文许多案例的简述中看到了这一点，从剥头皮（再一次重申，我们不推荐这样做）到在海地成立非政府组织。大体上说，我们称之为"应用人类学"的活动，出现在各个行业和不同层级的实践中。正如我上面所提到的，有些人类学家会受雇于美国军方；有一些人会成为职业咨询顾问，或干脆自立门户，为客户的各种问题提供"民族志的解决方案"——这些问题可能包括帮助住房互助协会识别房客中家庭暴力的迹象，或是为法国化妆品公司制定适于约旦市场的营销方案出谋划策。在哥本哈根大学，你甚至可以去攻读"商业和组织人类学"的硕士学位，然后或许进入一家名为 ReD 的丹麦人类学咨询公司工作。ReD 懂得文化的重要性，也明白可以以此获利。他们发表了一些发人深思的文章，比如《为何文化对制药业战略至关重要》。ReD 的客户关系主管克里斯蒂安·迈兹杰格

（Christian Madsbjerg），在《哈佛商业评论》（*Harvard Business Review*）的一次线上访谈中说到，他认为许多企业耗资巨大的营销活动（他告诉我们，这是一门年消耗一亿五千万美元的产业）都有一个问题，即企业常常不清楚如何"在文化语境中、在日常情境下"理解其产品。而这就是"人类学入门第一课"会告诉你的。[17]

在这篇序言的最后，我还要提一提那些离开了学院的人。许多著名的、蜚声其他领域的人物，都有人类学的学术背景。人类学是个很小的学科，我们需要尽可能抓住一切机会来为它做宣传。查尔斯王子拥有一个人类学学位，著名记者、英国《金融时报》的编辑吉莉安·泰德（Gillian Tett），是剑桥大学的人类学博士。电影导演简·坎皮恩（Jane Campion）也曾研习人类学。巴拉克·奥巴马的母亲安·邓纳姆（Ann Dunham）是研究印度尼西亚的人类学家。尼克·克莱格（Nick Clegg），英国前副首相和自由民主党领袖，持有人类学学位。库尔特·冯内古特（Kurt Vonnegut）被芝加哥大学人类学系的博士项目踢出来了，但这可能才是最好的结果，虽然有许多人类学研究成果改变了世界，但文学史册里多了《五号屠场》（*Slaughterhouse-Five*）和《猫的摇篮》（*Cat's Cradle*）这样的作品也不错。乔莫·肯雅塔（Jomo Kenyatta），肯尼亚独立后的首位总统，从伦敦政治经济学院获得人类学博士学位。除了政治上的贡献，他还呈上了一项经典的关于基库尤人（Kikuyu）的人类学研究《面朝肯尼亚山》（*Facing Mount Kenya*）（所以他很早就是位"本土人类学家"了）。阿什拉夫·加尼（Ashraf Ghani），阿富汗总统，获得哥伦比亚大学人类学博士学位，还曾是约翰·霍普金斯大学的教授。

人类学是一门表面看起来几乎没有实践和职业价值的学科。这意味着其价值在当今的学术氛围中变得越来越需要被解释和被澄清，甚至偶尔会带来关于学科存废的恐慌。但是，人类学为思考现代社会提供了极为有益的路径。在 2008 年的一次采访中，吉莉安·泰德说她进入财经新闻领域得益于她所受的人类学训练。当时正是 2008 年经济危机后不久。"我认为人类学正是从事金融业所需的教育背景，"她说，"首先你被训练要从整体的视角，观察各种社会和文化如何运作，你会去观察各部分之间如何联动。而在金融界，大多数人不会这么做……另一方面，如果你有人类学教育背景，你会试着把金融放到文化语境下。银行家们倾向于认为，金钱和牟利就如地心引力一般无处不在，认为这是一个既定事实，对每个人来说都一样。但事情并非如此，金融领域中的一切行为都与文化和交流相关。"[18]

延续着马歇尔·萨林斯的经典风格，再加上一点让人想到凯瑟琳·扎罗姆语体更通俗的著作的语气，泰德正在努力倡导的，是一种人类学的感受力（anthropological sensibility）。无论你是关注伦敦的金融市场，或是其他让你感兴趣的事情——比如特罗布里恩德群岛的传统生活方式，或者是印度教的仪式，或是为什么有些非政府组织的项目失败了而有些成功了，或是如何在香港卖汉堡，又或是如何理解土耳其人对社交媒体的使用，如何找到和帮助那些住在社会福利住房里的家庭暴力受害者。选择整体性的思考方式，试着理解其中的文化动力学，都会让你受益匪浅。

第一章
CHAPTER I

文化

文化是人类学最重要，也最难概括的概念。我无法为其提供一个精炼的定义，但请让我退而求其次，讲一个我亲身经历的田野调查故事，来试着传达一些关于应该如何理解文化的信息。

我的第一次田野调查在津巴布韦，当时我是一名本科交换生。尽管我的研究主要在城市里进行，但我仍在奇文希（Chiweshe）度过了很多愉快的时光。奇文希是一个美丽的地方，位于从首都哈拉雷（Harare）向北驾车大约一小时的距离。它因起伏的群山和陡峭的岩石而闻名，其间点缀着一些茅草搭建的棚屋，每一个棚屋都是一户人家（在本地人使用的绍纳语 [Shaona] 中被称为 "musha"）。交换期间，我在奇文希的一个家户里住了一周，并很快就和寄宿兄弟菲利普交上了朋友。从那以后我们一直保持联系，在整个 20 世纪 90 年代，我曾多次重访他们的 "musha"。

当时对于菲利普一家并非繁忙的农耕时节，因此我们度过了一段闲暇的时光。我们几次登上他家的后山，纵览低处的原野，还能看见成群的狒狒懒洋洋地在周围游荡。他的英语不太流利，我的绍纳语在那时比他的英文还蹩脚，所以我们的交流非常简单。我们就像两个来自截然不同的地方的人常做的那样，互相介绍各自的家乡。他想知道美国是什么样的，而我想了解津巴布韦的乡村生活。

在这种简单的、由文化差异推动的谈话中，有一次菲利普问我是否喜欢板球（cricket）。就是简简单单的一句问话："你喜欢板球么？"作为一名认真学习了殖民与后殖民历史，并且非常清楚板球运动在津巴布韦是多么流行的学生，我脑中立刻出现了一幅画面：一群男人穿着白色运动服站在一处，其中一人手里拿着类似于棒球棍的东西，另一个人则将球投出去（我现在知道了，正确的术语是"抛出"）。但当时我对这项运动几乎一无所知，只知道跟它比起来，就连棒球都会显得节奏紧凑，惊心动魄（我还有个模糊印象是板球比赛会因为天气阴沉而暂停，而且一场比赛经常要持续好几天）。但就像任何一个初到异国他乡参加交换项目，并且识大体、明事理的学生那样，我客套而礼貌地对菲利普小声说："喜欢。"为什么不呢？

他立刻跳起来说："太棒了！"然后示意我跟着他下山回到家里。我想我可能会拿到一根球棒或是一只球（如果不是一件白色运动衫的话），然后我们两个随便打一打。到家后，他立刻钻进了厨房棚屋。他的妈妈和祖母似乎永无停歇地在里面为全家准备一轮又一轮的餐点。当时我对厨房这个地点没想太多，因为许多美国人也会把运动器械放在厨房附近，或者放在屋子后面。但当他再次出现的时候，手里既没拿球棒也没有球。他拿着一只金属小碗，里面是（我绝没有看错）一只蟋蟀（cricket）*。它已经被油炸了。菲利普脸上露出微笑。

我**彻底**蒙了，完全搞错了事情的分类。在世界任何地方，好客都是一种常见的风俗。因此如果在其他场合，我被奉上一只蟋蟀，我很可能也会接受。当然，现在回头想想这非常合理。我知道毛虫是当地的珍馐——蟋蟀有什么理由不是呢？蟋蟀甚至是种更珍稀的美食，因为它特别难抓。我得到的是贵宾的待遇。

当我把这个小东西捡起来举到嘴边，过去一年半里学过的人类学课程涌入我的脑海：**食物是文化建构的产物。你知道有些人吃狗肉、马肉甚至猴脑。你可以的，你主修的可是人类学。**

再多的书本知识也无法抵消二十年的生活经验。在我把蟋蟀放进嘴里，咀嚼（它太大了，没办法一口咽下去）后再吞下去的全程中，我的身体在颤抖，胸腔在收缩，大概过了三秒钟后，蟋蟀和我的早餐一起被吐了出来。

---

* 原文"cricket"既有板球也有蟋蟀的意思，显然作者一开始误解了菲利普的意思。——译者注

这并不是文化的定义，而是它的一个例子——这个例子触及了对这个术语的人类学理解中最重要的部分。文化是一种看待事物的方式，一种思考方式。文化是一种理解和制造意义的方式。文化是让一些人完全想不到蟋蟀能被归类为"食物"的原因。文化也是在以特定方式思考的过程中充斥于我们的头脑的东西：殖民历史的细节、**英国**殖民历史（不是法国，也不是葡萄牙）的细节，或是在农事周期的不同阶段里非洲农民的具体劳作目的。

文化本身就是一种事物。或者说它不是孤立的一个事物，而是一系列事物，而且经常具有特定的类型：房屋、窑炉、绘画、诗集、旗帜、玉米饼、英式早餐茶、武士刀、板球棒，是的，甚至还有蟋蟀。文化具有物质性。它体现于具体的事物之中，被具体的人所演练。吃蟋蟀后我吐了，但我并不是因为感染了某种胃部病毒而呕吐的。在这个意义上，它并不是一种单纯的"自然"或"生理"反应。我呕吐是因为我的身体是文化的，或者说它被文化教化了。在我的文化里，我们不吃蟋蟀。

关于人类学如何理解文化，我认为这些就是你在入门阶段需要知道的全部知识了。我敢肯定，这些内容并没有一项令你震惊，或是需要你绞尽脑汁思索的。从堪萨斯城到加尔各答，这些想法以某种方式互相组合，贯穿于最普通的日常生活理解中。我们常把文化视为一种观点，或是在事物之中被客体化的东西，甚至是将它与自然力量之下的本能反应联系在一起。

但人类学家并不会止步于此。文化处于一个矛盾的位置，它是人类学术语库中最常用但又最具争议的术语。

文化的眼镜

一、针对观点的观点（Points of view on points of view）

存在时间最长的人类学研究路径将文化视为一种感知方式。对马林诺夫斯基来说，人类学的全部意义在于捕捉"土著的观点，他与生活的联系……**他**眼中的**他的**世界"。这里所说的持有一种"观点"（point of view）并不简单地意味着有一种"看法"，不是指土著偏爱芋头多过番薯，或是偏爱敞篷汽车，又或是忠于工党。在这个语境里，"持有一种观点"包含了更多的东西，反映了我们选择将什么视为常识，认为怎样才是事物的正确秩序。比如不将蟋蟀视为一种食物。

在文化理论这一领域的发展中居功至伟的人物是弗朗茨·博厄斯。他出生并成长于德国，在美国开始人类学学术生涯。博厄斯深受学生爱戴，常被他们称为"弗朗茨老爹"（Papa Franz），但他似乎又是个难以捉摸的人，特别是对那些对他的工作感兴趣的记者来说。约瑟夫·米切尔（Joseph Mitchell）是纽约 20 世纪中期优秀的记者和时代记录者，有幸于 30 年代末博厄斯退休后采访了他。米切尔描述博厄斯是一个"眼神锐利，白发稀疏蓬乱"的男人，"采访他很不容易"。尽管如此，当被问到他对某些鼓吹纳粹的言论的看法时，他嘟囔着一口德语口音很重的英语，重复着诸如"废话"或是"荒谬"之类的词，这让记者感到很高兴。[1]

博厄斯最早在德国的基尔大学（Kiel University）修读物理学。但那个时代，自然科学和人文科学的界线非常不明显。在广泛的阅读之后，威廉·冯·洪堡（Wilhelm von Humboldt），现代早期文化理论领域的奠基人，对他产生了巨大影响。在 19 世纪早期的德国思想中，"文化"（Kultur）一词已经在那些反对过度启蒙话语的人中间成为极其重要的概念。这一反传统对用普世、唯一的视角去阐释理性和历史持批判态度。洪堡和其他持类似观点的人认为，任何一个民族都应依据其自身的特性而被尊重和理解。像洪堡，或者约翰·戈特弗里德·赫尔德（Johann Gottfried Herder）这样的人认为，"文化"成了一个组织性概念，用于表达对特性（particularity）的认同和追求。洪堡还是一名出色的语言学家，这并非巧合。他研究巴斯克语（Basque），几种美洲原住民语言，梵文和古爪哇语（Kawi，爪哇的一种文学语言），这些都表现和塑造出他对于人类多样性的兴趣。随着时间的推移，他逐渐认识到语言和文化是紧密相连的。他写道："语言是族群特征（genius of peoples）的外部表现。"[2]

1881 年，博厄斯在基尔大学完成了关于光线经海水提纯所表现出的特性的论文。1883 年，为了进一步研究，他前往巴芬（Baffin）岛。在那里他发现，与极地的海水相比，他对当地的因纽特人更感兴趣。这标志着他的兴趣转向了当时还是个新兴学科的人类学。

就像马林诺夫斯基在努阿加斯海滩上扎帐篷一样，博厄斯在北极的顿悟包含两个关键要素。第一是田野调查的重要性，离开实验室去探究事物究竟是如何运转的。用博厄斯在自己的博士论文中的话说："来到人类经验中真实存在的环境里。"[3] 在这里我想强调的是，这一点并不单纯是一种方法论。它告诉了我们人类学关键的分析性概念的本质。在人类学专业化的初期，田野调查的方法常常被用来强调"在那里"（being there）的重要性，文化应该**在当地**（in situ）被观察，文化和地点是同一枚硬币的两面。

第二个要素与第一个紧密相关，那就是感知能力，或者说视野的重要性。博厄斯并不像马林诺夫斯基那样富有写作才能，也没能普及许多他特有的学科表达。他只是为马林诺夫斯基所追求的"要捕捉土著的观点"奉上了相对平平无奇和松散的呈现。博厄斯从未真正提出能让人记住或是有影响力的文化定义（尽管马林诺夫斯基也没有），他对于文化的理解是从那著名的五尺架里的材料中自然浮现出来的，也表现为他无数学生的研究的精华。即使他的作品冗长散漫，重点却非常清晰，即我们都戴着他所说的"Kulturbrille"——文化的眼镜。我们是透过文化的眼镜来理解这个世界，并为之赋予秩序的。在博厄斯的表述中，文化关乎意义。感知（perception）总是用在地（localized）的话语来架构世界。你不只是单纯地看见这个世界，你是作为一个来自所罗门群岛的年轻女性而看见这个世界的，或者更确切地说，作为一位属于圣公会教会，来自马里卡岛（Marika）的年轻女性。

至少到 20 世纪 60 年代，最常见的表述形式仍是这样：人类学家会写到夸扣特尔（Kwakiutl）文化、巴厘（Balinese）文化和多布（Dobuan）文化。他们有时也会使用涵盖更广的概括性概念，如地中海文化、美拉尼西亚文化、伊斯兰文化，甚至"原始文化"。不难理解，这样一些本来更具各自特色的文化被笼统地归在一起，意味着它们其实有着相似的文化眼镜。你也可以说它们被给予了相似的"处方"（prescriptions）。以地中海文化为例，当时任何一位合格的人类学学生都会关注对其中荣誉（honour）和耻辱（shame）的讨论，因为这两者被视为地中海文化的组织性价值。

博厄斯有数十位学生，其中许多人都在各自的领域极具影响力。不过由于我们现在讨论的是文化这一概念，所以下一位最值得一提的重要人物是克利福德·格尔茨。

格尔茨从 20 世纪 50 年代开始在学术界崭露头角，于 1973 年出版的论文集是其学术生涯的分水岭。格尔茨有一句名言：文化就是人类学家越过本地人的肩膀所读到的文本（text）。从这句话中你会发现，人类学家也将文化视为一种客体。我们将很快再谈到这一点。总而言之，在他的隐喻中，最重要的是感知，因为我们（本地人也一样）对文本所能做的事情是阐释（interpret）它们。格尔茨称自己理解文化的路径为符号学的（semiotic），他认为人类学"不是一门探究法则的实验科学，而是一种探究意义的阐释科学"。[4]

和同时期的许多人相比，格尔茨和博厄斯的联系并没有那么直接，但他们在思想和分析路径上继承了一些相同的传统。其中最重要的是，对格尔茨和博厄斯来说，如果你想了解文化的"意义"，如果你想了解这种文化将什么视作重要的，是什么让它运作，是什么令它有意义并且（尽可能地）有序，你就必须关注个别，而非整体。

此种理解文化的路径至今仍然体现在许多当下的人类学工作之中。而人类学家特别热衷强调的，也正是这个意义上的文化。例如，在医学人类学领域，不少研究关注文化因素如何影响特定症状和疾病的患病率，以及对其的诊断、治疗，甚至表述。例如，医学人类学家凯博文（Arthur Kleinman）发现，在中国受抑郁症影响的人更常出现身体疼痛而非心理的症状。而且在中国人眼里，这种病症的表现更像是一种"厌倦"而非"忧郁"。[5]它一开始甚至都未必会被视作"厌倦"。在中国，"抑郁"这个表达的流行程度和在美国完全不同。中文里的"抑郁"一词主要限于在医学语境中使用。那么可以预见的是，这种差异会给移民带来困扰。比如一位赴美的中国移民，可能会发现美国医生所作出的关于抑郁的诊断，之于他"毫无经验意义上的价值"。"文化影响了症状的体验、诊断的措辞、治疗方案的选择、医患关系、出现例如自杀等后果的可能性，以及从业者的医疗实践等等，"凯博文解释道，"因此我们说，有些病状是具有普遍性的，有些则有明显的文化印记，但它们的意义都需要被放在特定语境下去理解。"[6]

二、文化的客体

长久以来，文化都与人类学研究中的物品紧密相连。物质文化（material culture）一词几乎与"文化"本身一样常见。尽管在这里"物质的"（material）可被视作一个用来修饰名词的形容词，但把这两个词当作共生（symbiotic）词汇会更易于理解，而且这个短语也的确经常被这样理解。

人类学家作为观察者，不可能不去思考文化的物质性。你很难找到这样一个社会，在其中对文化的对象化（无论是直白的，还是比喻性质的）不扮演重要的角色。人类利用物质文化或其他东西（比如树木、岩石和海洋）去理解、表达并总结他们自身。我最喜欢的一个案例是一项对魁北克（Québécois）民族主义的研究。在20世纪70年代独立运动的鼎盛时期，对民族主义者来说，培育对独特的魁北克文化的认同和连结至关重要。想要实现这点，方法之一是树立一种民族传承（le patrimoine）的理念，列出一份长长的，由人民所有，而且能够表达他们身份的"文化财产"的清单。在这张清单里，"古老的东西"被放在头等重要的位置，无论是知名的历史建筑，还是一件简简单单的古董椅或旧式犁。但这个表单里还包括了动物——加拿大马（血统可以追溯到路易十四的马厩）——以及语言。"如同我们的历史和创造历史的人民一样，"一位民族主义者写道，"我们的建筑、家具、工具、艺术品、歌谣和传说……**语言也是我们民族遗产的一部分，是我们魁北克人的共同财富。**"[7] 我们甚至将某些词语变成了实体。在民族主义独立运动中，人们试图通过固定某些特定单词和词组的意思来将语言客体化，也在仪式中将语言客体化，尤其是通过不断地重复许多陈述（这会产生一种社会效果，即让我们感到这些陈述看起来比它们本来"更真实"）。

　　当然，你不必做一个民族主义者，也能感受到将文化客体化这一行为的力量。比方说，你可能是一位喜欢斯蒂尔顿奶酪（Stilton）的英格兰人（或者大不列颠人），并且认为爱吃这种咸而易碎的美味奶酪透露了你的一些人格特质。在格鲁吉亚，一位人类学家甚至发现在苏联解体后，东正教的教堂建造运动遭到了当地人的强烈反对，因为他们认为一座教堂如果是庄严得体的，那么它必须得**非常古老**。[8] 这些特质非常重要。

非常明确的是，意义（或者说价值）是串联起文化以上两个方面的纽带。从某种角度来说，我们甚至可以断言，文化的物质性是我们之前所讨论的**文化眼镜**所造成的结果：如果没有当地居民的特定视角，你就很难感受到魁北克市场货摊上的一把古董椅所代表的**民族传承**。

但这并不是人类学文化理论解释事物的唯一方式，关于文化的物质性，还有更多更简单的表现。考古学就是一个绝佳的例子。在强调物质文化在人类历史进程中的核心地位这方面，考古学家比绝大多数人类学家做得都要多。

一位学科中的领军人物曾将考古学描述为，"基于过去人们的遗留物和他们在地球上留下印记的方式来研究过去的人群的一门学科"[9]。用他的话说，这个学科研究"被遗忘了的小东西"：炊具的残骸、房屋地基、陶土管道、道路、水井、坟堆甚至是垃圾场（对研究古代人的饮食特别有帮助）。把它们挖出来，刷干净，如果可能甚至要复原成最初的整体——这些通常都由一小队晒得黝黑的田野工作者完成（考古学者也可以声称，他们所从事的是字面意义上的"田野工作"）。无论是用民间的或方言的语汇描述某些"东西"，还是清晰精准地使用学术语言记录"物质文化"或"手工制品"，其意义都非常清晰：这项工作很重要。对于发掘过去，考古学能提供无价的资源。

考古学家对物质文化的关注帮助我们追踪人类社会的发展轨迹。从过去小规模游居迁徙、以打猎和采集为生的部落，到农业和定居点的出现，考古学家通过研究有雕刻痕迹的骨头（它们成堆出现，可以证明游居群体的季节性聚集）或者木炭的沉积分布（对判断一个时期的人口密度十分有用），来帮助阐明史前文明的发展轨迹。他们采用的方法也不止考古挖掘一种。比如，菲奥娜·科沃德（Fiona Coward）在黎凡特（Levant）的研究采用了另一种路径。她利用地理信息系统（Geographic Information Systems，下简称 GIS）建模技术去计算旧石器时代末期、中石器时代初期和新石器时代早期社会网络的影响范围。利用 GIS，她追踪了某个区域内相似的物质文化元素出现的频率。她的早期发现显示，这些社会网络的范围并不一定与社会群体的规模正相关；再一次，狩猎-采集者打破了现代人所认为的"文明"比"原始"群落有着更广阔的视野这一所谓的常识。[10]

考古学家的聚焦和发现包含了重要的一课。物质文化并不只是意义的承载物，可以被魁北克民族主义者那样的人用来操纵情感，以推行自己的主张。文化本身（成为土著或是持有任何一种观点的能力）无法脱离物质基础而存在。实体的 **东西**（stuff）为意义存在的可能性创造了条件，是意义制造过程的一部分。

在博厄斯和马林诺夫斯基的时代之前，人类学研究往往和对长时间跨度的历史（以及史前史）的关注紧密相连。考古学帮助满足了这种旨趣。但还有一脉重要的早期人类学理论是由物质文化引导的，即社会进化论（social evolutionism）。

社会进化论是早期人类学的重要方法之一，它受自然选择的进化论思想启发。查尔斯·达尔文的《物种起源》（*On the Origin of Species*, 1859）对当时新兴的人类学学科产生了深远影响。当时很多人认为，达尔文研究藤壶和飞蛾的思路也适用于人类社会，社会历史和自然历史十分相似。祖尼人和英国人都可以放在达尔文"生命之树"（tree of life）的理论框架内来理解，这种理解不止于生理学和解剖学范畴，还涉及亲属系统、社会政治组织形式和技术发展等方面。文化同生物体一样，被认为是遵循普遍法则，并且可以在一个普遍适用的分类系统中得到归类。*

从19世纪60年代到20世纪第一个十年，美国人路易斯·亨利·摩尔根、英国人赫伯特·斯宾塞（Herbert Spencer）和爱德华·伯内特·泰勒逐渐成为人类学社会进化论学派具有突出影响力的代表人物。当时许多涌现于人类学和社会学这两个新兴领域的学者也都是进化论者。进化论代表了整个19世纪晚期的学术风潮。正是这些学者将这一范式发扬

---

* 进化理论并非达尔文的独创，它有着悠久的发展历史。社会理论学家赫伯特·斯宾塞曾匿名发表过一篇关于有机进化的文章，比《物种起源》的出版早了七年。

光大，并强调了对自然有机体和社会有机体的关注同等重要。在这些所谓的"唯物主义者"（materialist）中（这是一个能说明很多问题的称呼），斯宾塞尤其热心地弘扬这个理论。他关于社会进化的研究里充斥着生物学类比。他可以在一句话里轻松地从肝细胞、表皮脱落、孢子、细菌和骨骼，谈到政治体系、族群认同、宗教仪式和人口密度。一切最终都可以归结到自然母亲（Mother Nature）身上。

泰勒是进化论学者中对文化最为关注的，他用进化的框架来概述他所说的"文化的发展阶段"。这些阶段可以根据其物质文化水平来分类和理解。泰勒和其他一些学者会用野蛮（savagery）、未开化（barbarism）和文明（civilization）这样的术语来进行粗略的标识，例如：缠腰布、木制工具、居无定所或是居住在土坯房里，这些都是野蛮的表现。高顶礼帽、蒸汽机或排屋（townhouse），这些则代表了文明。在这种研究方法里，每种文化的各个部分都是一个个等待计数的豆子。

社会进化论有一个非常严重的缺陷（它还有其他的一些严重缺陷，这个我们之后再讨论）。与达尔文的理论不同，在这些社会科学家的作品中，进化论成了一种目的论。进化遵循某种蓝图，朝向固定的目的，并带有强烈的道德意味。因为一位戴着高顶礼帽的男士并不只是在文化上比赤裸的野蛮人进化程度更高，他也不仅仅是一个更"复杂的有机体"。他就是比野蛮人**更优**（better）。社会进化论实际上是伪装成科学的道德哲学。达尔文从未因为藤壶不是蓝鲸就看不起它。

从这方面来说，泰勒等学者引入了另一个非常重要并且沿用至今的文化的定义。泰勒的同时代人，诗人兼散文家马修·阿诺德（Matthew Arnold）将这个定义表述为"在当前世界的任何地方，曾被想出来并说出来的那些最好的东西"[11]。这个定义常被称作文化的"歌剧院"式定义。当我们将一个人评价为"有文化的"，或是"比其他人更富文化修养"的时候，使用的就是文化的这种定义。用一种带有刻板印象的说法就是，文化在这一定义下，指的是莫扎特，而非麦当娜。如果非要给后者一个定义，她应该属于"流行文化"（pop culture）。泰勒等学者都热爱音乐，但是"文化"在泰勒更宽泛的定义里，是指"人作为社会中的一员，所获得的包括知识、信仰、艺术、法律、道德、习俗和其他的能力和习惯在内的复杂综合体"[12]。

博厄斯无疑是社会进化论的坚定批判者。20世纪20年代，社会进化论已经退居人类学学术界的边缘位置。一种更宽泛意义上的进化论观念仍然留存了下来，并偶尔会隐晦地暗含在一些作品中。但当时那些公开的说教以及热切的坚持，认为一名法国人和一只双壳软体动物**能够**（could）在同种意义上被理解的信念，已经烟消云散。

社会进化论从未失去其全部支持者。比如借由莱斯利·怀特（Leslie White）和朱利安·斯图尔德（Julian Steward）的研究，在 20 世纪五六十年代又经历了一次复兴。虽然怀特和斯图尔德的思想有着明确分歧，但他们都未曾脱离从泰勒、摩尔根以及其他 19 世纪研究者那里发展而来的基本风格。他们都认为在博厄斯之后，人类学过分沉溺于文化的繁复细节，研究者们不厌其烦地记录所有那些松饼的食谱……对怀特和斯图尔德来说，"科学"依旧带有权威的光环，而博厄斯的大多数学生都更具人文主义的感性。可以注意到，社会进化论者与考古学的关系更密切，他们对考古记录很感兴趣。随着时间的推移，博厄斯学派已经对漫长的时间尺度失去了兴趣。至于考古学本身，社会进化论仍然是其背景板的一部分：一些学者比如英国人戈登·柴尔德（V. Gordon Childe）、美国人戈登·威利（Gordon Willey），尽管他们没有像维多利亚时期的前辈一样充满优越感，但他们仍然在进化论的观念框架下工作，并树立了该领域中的重要讨论和兴趣所在。

三、文化和自然 / 文化作为自然

有几种方式可以从整体上把我们对文化的不同面向的考虑结合起来。主要从"文化眼镜"的角度去思考并不是要完全否认文化的物质面向，反之亦然。但是不同文化理论之间再次出现了张力。如我所说，博厄斯对泰勒的思想和更广泛的社会进化论持强烈的保留意见。社会进化论者莱斯利·怀特经常严厉批判博厄斯，他认为博厄斯是一位糟糕的理论家

（因为博厄斯太过关心个案），也不是一名优秀的田野工作者（怀特质疑博厄斯的民族志研究，认为它们不配得到现在这么高的评价。不过他的攻击恐怕带有一点个人偏见）。

应该关注制陶活动的象征意义还是具体的陶罐本身，这并不是文化理论之间产生分歧的最重要原因，也非争论产生的根源。更重要的是你的整体方法取向与我所辨认出来的"文化理论的第三条脉络"之间的关系。它涉及一个由来已久的问题，即：我们是自然的产物还是教化的产物？那塑造了我们的，是生物驱动、固有的心智构造、基因编码吗？抑或是抚养方式、生活环境和社会主流价值观？

生物和自然在人类学的文化概念中几乎始终扮演着次要角色。即使是怀特，那个总想要谈论卡路里和需求满足（他认为需求包括了"物质的"和"精神的"）的人，也会强调文化的首要地位。"人类的生物学特质并不能解释文化阐释的种种问题，比如文化间的多样性，"他写道，"以及大到文化变迁的整体趋势，小到某种特定文化的演化历程。"[13]

一门致力于探究文化，以及人类多样的历史传统和社会表达之重要性的学科，会有如此的研究倾向，是毫不让人感到意外的。但仍要强调的是，不是所有的文化理论都将文化看得那么重要。博厄斯学派传统仍然是文化理论中最具影响力的一支。这个传统里，最著名的论断是由鲁思·本尼迪克特（Ruth Benedict）提出的。在《文化模式》（*Patterns of Culture*,

1934）一书里，她对生物决定论（有的人甚至会说，对生物学）展开了全方位的攻击。通过援引一系列丰富的案例研究，以及有意识地将她的言论**不仅**与民族志记录，**并且**跟当时美国的现状相联系，本尼迪克特得以将所有的文化都放入同一个框架里，摆脱了"我们—他们"（us–them）的区分，以及她的一些人类学前辈所采用的那种"培养皿研究路径"。"一个人在生物上的具体构造，并不能确保他必然会做出任何特定类型的行为。"[14]

本尼迪克特针对的直接目标是种族主义。博厄斯和他的几名学生在学术界和社会事务中都积极地抨击种族主义（早在博厄斯指责纳粹行径荒谬之前，他就已经在美国驳斥种族主义者和优生论者了）。在美国，就像在其他地区一样，人类学作为一个初出茅庐的新学科，曾或多或少地被用来为种族差异的合法化提供科学依据。我们从丹尼尔·布林顿（Daniel Brinton）的工作里就可以明显地发现这一点。他是考古学家和民族学家，19世纪90年代在一些学术团体中享有很高的地位。另外还有卡尔顿·库恩（Carleton S. Coon），哈佛大学体质人类学教授，他在20世纪60年代接受了种族隔离的内在逻辑。博厄斯抨击了上述二人的作品和观点，并且在哥伦比亚大学的学术圈子和美国全国有色人种协进会（NAACP）之间发挥了关键的桥梁作用。博厄斯还身兼数职，比如和布克·华盛顿（Booker T. Washington）以及杜波依斯（W. E. B.

Du Bois）一起工作。正如人类学家李·贝克（Lee D. Baker）所说，博厄斯的影响通常不是直接或即时生效的，但是在整个 20 世纪上半叶，他在学术界和政治界的活动，和他所建立的联盟推动了美国社会进程的两次转折、学术界内部的范式转变和司法界关于种族分类态度的转变。[15]

当然，如果我可以这样说的话，并不是所有重视自然的文化理论都转向了种族研究。克洛德·列维－斯特劳斯可能是所有文化理论学者中最不强调文化的一位，他也和博厄斯一样，是坚定的反种族主义者。列维－斯特劳斯作为结构人类学之父，在对待文化的态度上有些矛盾之处。一方面，如果把文化视为特林吉特人（Tlingit）神话的每一个微小细节，库纳人（Kuna）的萨满教仪式，甚或是技术能力和技术成就等等，他对这些都有着非常强烈的兴趣。他对博厄斯及其学生的工作大加赞赏，正是因为他们研究中包含的百科全书般的细节。但另一方面，所有的文化细节和文化特殊性，对他来说归根结底都是些数据，目的是用于探讨他真正的兴趣所在，也就是人类心智的普遍结构。

对列维－斯特劳斯来说，恰当的分析对象并不是某个土著人的观点，而应该是**土著人的思想状态**。在一个核心层面，这种思想状态是不变而且普世的。文化理论的这一传统并不会将识别差异本身作为终极目标，不会一识别出差异就认定任务完成，而是致力于揭示将所有民族联系在一起的思维结构。"野蛮人的思维和我们的思维是在同样的意义和方式上合乎逻辑的。"他这样写道。[16] 在另一个文本里,他利用物质文化的意象表达了相同的观点,这彻底颠覆了 19 世纪进化论者评判高下的标准。想象一把石斧和一把铁斧,我们可以说两者中铁斧要更坚固一些,因此铁斧在这个意义上"更优"。但人类学的任务并不是关注其材质**是什么**,而更关注它们是**如何**被造出来的。而且他认为,如果你观察得足够仔细,你会发现它们实质上是一样的。

近几十年来,文化理论中一部分更倾向自然主义的研究者,开始对人类的大脑而非身体感兴趣。这些研究中有很多被归为认知人类学。它从很多学科那里汲取营养,或与这些学科产生了交互:结构主义、心理学的多个分支、语言学,甚至哲学。但总的来说,认知和文化这两条路径的主要分歧在于,它们争论人类心智的运作究竟能在何等程度上塑造文化表达、价值观和文化概念。我们天生是二元论者吗?换言之,所有人都必然是用对立、二元或成对的形式来思考吗?除此之外,在人类的感知和概念化过程中,还存在其他的普世元素吗,比如对颜色的指称,或对亲属关系的理解?文化技术又是如何被传播的?

丹耶·吕尔曼(Tanya Luhrmann)的研究就属于这一理论脉络,也就是人类学和心理学的交叉领域。在其研究生涯中,她研究了从英格兰的女巫,到心理学家自身的一系列人群，以探讨他们所受的训练如何反映和强化了对心灵的某种特定理解。她的最新著作着眼于美国的新五旬节派（Neo-Pentecostal），在书中她运用一系列类似于在实验室中进行的实验方法，去研究祈祷实践如何影响这些基督徒对上帝的经验，将对人类心智的关注提升到了一个新的高度。超过 120 个人参与了她的研究。吕尔曼给他们每人一个 iPod 音乐播放器，里面装有圣依纳爵式（Ignatian-style）灵修的祷告，并配上悦耳的背景音乐。她发现高度集中的注意力，增强了参与者们对上帝在场（presence）的描述的生动性，这个过程她称之为"专注"（absorption）（这个说法借用自一位心理学家的著名论述）。"认为大脑中的想象比自己所熟知的那个世界更为真实，这一能力正是上帝经验的核心。"[17] 实际上，这其中最让吕尔曼感兴趣的，是这些基督徒在多大程度上接受科学的权威，以及有关事实与虚构、真实与虚假的世俗逻辑。

认知人类学对我这类学者提出了重大挑战。我们是在本尼迪克特的思想脉络中，在强调文化的力量和首要地位的观点中受训并成长起来的。很长时间以来，人类学家的发现和研究路径在认知科学界至多不过是被忽视，最糟糕的情况下还会被否定。这种情况在一些领域已经开始发生转变。许多认知人类学家希望我们能将文化史与自然史联系得更紧密一些，但更重要的是认识到，他们中的大多数人并没有摆脱文化。最好的认知人类学家仍然是人类学家；他们始终认可长期研究所获得的质性数据的价值，并坚定地相信在某个具体的地方与特定人群长期交流的价值（即使他们并不亲自去做田野调查）。他们并不满足于待在实验室里或者进行孤立的实验研究。因此，在这个意义上他们依旧和他们的前辈一样，站在文化这一边。

文化的局限性

"文化"不是一个有魔力的词语。它不是一个可以用来解答一切社会或历史问题的概念。它模糊和混淆事物的能力，和它揭示事物真相的能力几乎旗鼓相当。那些频繁使用这一概念并积极推广它的人类学家对这一点始终了然于胸。也有很多人强烈抵制文化概念，但更多人的态度则是漠不关心。20世纪八九十年代，在后殖民主义和后现代主义批判盛行的背景下，人们一度致力于彻底清除这一概念。在这一风潮开始十年之后的20世纪90年代中期，一位教授总结了整整十四种认为文化这一概念存在缺陷的理由。[18] 我在这里无意将这些理由一一列出，但这个清单上的项目可以被归纳为三类主要的关切，每一类都存在了很长时间。

首先，不能将文化和地点之间的联系看得太过死板和绝对，这一点十分重要。在这里我们有必要回顾一下"文化"这个词的词源，根据《牛津英语词典》，"文化"最初指的是耕种土地；它的"（词）根"（roots，一个双关）的含义从耕作、农业、园艺（cultivation, agriculture, horticulture）这类词汇中便可窥见一二。对 19 世纪的德意志文化理论家来说，这构成了"文化"概念的一个迷人之处：一种在地点和时间上的根植（grounding），无疑挑战了启蒙思想中的许多普遍化和抽象化逻辑。而这种与地点的关联也是人类学理念的核心。持有某种特定的视角需要你置身某处，介入某地。马林诺夫斯基和博厄斯都坚持认为，要想了解某种文化，你必须在"那里"。

　　问题是，想要知道"那里"的边界在何处结束，"另一个地方"又从何处开始，并不总是那么容易。在《西太平洋上的航海者》整本书中，马林诺夫斯基谈到许多族群时，都把它们称为一个个不同的"文化"（cultures），就好像它们之间完全是相互独立的，没有什么关系。然而与此同时，这本书最重要的贡献就是其中对库拉圈（Kula Ring）的研究，这是一种跨越数个岛屿、辐射方圆数百英里的交换系统。这也就是说，不同"文化"之间，至少是存在一定接触的，它们相互借用、相互渗透。有时这些借用和渗透不禁让我们思考，我们是否应该使用复数的"文化"一词来指代它们？想象一下，20 世纪初，特罗布里恩德群岛居民的生活部分地被库拉圈所塑造，族群之间存在一些"跨文化"的传递，有一些流动性和模糊性，但这种文化间的传递和我们现在所经历的已经截然不同了——不论是互联网时代、无线电时代，还是通过飞机、火车或是汽车进行沟通交流的时代。21世纪初的新加坡是一个"文化"吗？伦敦呢？如果我们要进行更具体的讨论呢？存在"伦敦文化"这种东西么？还是说我们需要使用一些更精确的分类，例如说"居住在伦敦陶尔哈姆莱茨区（Tower Hamlets）的第三代孟加拉裔英国人"，或是"2005年移居伦敦伊灵区（Ealing）的波兰人"？抑或是"始终"住在伦敦卡特福德区（Catford）的史密斯一家？更进一步，我们真的需要因为某人的祖父母于20世纪70年代从孟加拉的锡莱特（Sylhet）来到了东伦敦，就称其为"第三代孟加拉裔英国人"么？如果他们一点都不在乎自己的祖籍和血统呢？如果他们自认为是伦敦"土著"呢？这些都是针对"文化"概念的使用提出的，合理的好问题。

所以，文化并不是与某一地域绑定的，这是它所面临的第一类批评。由此就自然地衍生出了第二类批评：文化并非固定不变。文化是随时间推移而变化的，但确实许多人类学家，特别是浪漫主义的一派（和他们许多才识卓越的前辈一样），往往无法正确认识这一点。一位当代文化理论家评论说，人类学家仍然不断在这一点上犯错。[19]

这种浪漫主义在殖民时期产生了尤为恶劣的影响。以维克多·特纳（Victor Turner）的经典研究为例。他是历代人类学家中我很喜爱的一位（因为他博览群书，拥有出色的写作技巧和层出不穷的新鲜观点）。20世纪50年代初，特纳和他的妻子伊迪斯一起，对那时北罗得西亚（Northern Rhodesia）*的恩登布人（Ndembu）进行研究，并发表了许多人类学历史上最有价值的仪式研究成果。恩登布人被描述成一副原始质朴的模样，似乎巨大的政治经济变革和挑战从未在此发生。从特纳夫妇的研究里，我们读到的是脱离了时代背景的原住民。实际上，特纳夫妇在众多经典研究中几乎没有提到殖民的背景。这一点令人印象深刻，考虑到北罗得西亚在20世纪五六十年代几乎成了人类学家的实验室，众多的人类学家在此地研究新兴城市中心的文化变迁和社会变化——尤其是在铜带省（Copperbelt），矿藏的发现吸引了整个北罗得西亚区域的大量劳工。另外，以曼彻斯特大学具有非凡人格魅力的马克斯·格拉克曼（Max Gluckman）教授为核心，许多人类学家形成了一个紧密的组织。格拉克曼教授甚至促成了曼彻斯特学派的兴起。该学派沿袭马克思主义的研究方法，比当时其他的英国学派都更关注社会变迁和冲突。确实有许多曼彻斯特学派关于殖民主义和现代化的研究被认为是十分重要的优秀作品，但值得注意的是，在所有这些研究中，特纳夫妇的作品才是被最多人类学学生所阅读、具有最广泛影响力的。而在特纳夫妇所呈现的图景中，他们并未真实地描绘恩

---

* 罗得西亚是津巴布韦的旧称。——译者注

登布人所经历的宏观层面的政治变动。

第三类主要的批评，针对的是文化的整全性。所有这些殖民主义和全球化的流动、变迁和分裂，指向的是一个更基础的问题，即文化被假设为一个有秩序的整体，特别是当它被表述为某种"观念"或"看待世界的视角"的时候。在整个 20 世纪 50 年代，人类学家在谈及某个具体文化中人们的信仰、感觉或思想时，使用的都是非常笼统的概括性语言。如今这些推论和声言变得越来越难以自圆其说，并不仅仅是出于殖民主义和全球化的影响，而更多的是因为，它假设"文化"是整全的、无所不包的。即使是在一个从未受到过外界影响的、遥远的岛屿社群里，我们也不应该假设，并且未必会找到这种一致性和相似性。有时候，人类学家写出来的某种文化的官方版本与当地实际发生的事情截然不同。询问别人的"文化"是什么，或是问他的"信仰"是什么，或者问他如何"思考"，或是某样事物（如某个仪式、作为父亲的身份，或是奥姆卡拉 [Omkara]* ）的意义是什么，都不是什么好主意。然而问题在于，他们很可能真的会给你一个答案。但这很可能是他们编造的，或是随口一说的想法。在某些案例中，有些土著人甚至会通过引用某位四十年前在当地村庄做研究的人类学家的著作来回答另一个人类学家的问题。这就

---

* 奥姆卡拉（Omkara）是奥姆（Om）的另一种表述，是印度教中神圣音节的组合，它构成了精神能量的核心。——编者注

会产生一个过于简洁和有条理的回答——简而言之，一个糟糕的回答。

把以上的三点批评和担忧归纳一下——不将文化与具体地域绑定，不将文化视为稳定不变的，不应对任何文化做出太过简洁有条理的概括。将这三点整合到一起就是本质主义："一种认为事物具备某种真正、纯粹的本质的信念，认为对于任何既定实体，都存在一种确定的'它所是的东西'（whatness），并且它可以通过一些不变的、稳定的特性加以定义。"[20]

本质主义可以变得非常危险，而文化本质主义经常是危险的。在后面的几章中，我们将会有机会考量在讨论中使用"文化"概念的危险之处。它会诱导，甚至是要求我们用固定化的眼光看待事物，倡导刻板印象，甚至是不加掩饰的偏见。至少当"文化"话语超越了象牙塔的界限，进入更广阔的公众领域中时，这种情况就会经常发生。至少有一种被强烈谴责的政治意识形态就是一则典型的案例：种族隔离。在施行种族隔离政策的南非，"文化"成为民族主义者用以倡导种族隔绝的重要口号：**保持非洲各文化的纯粹完整！他们需要自己的家园，我们白人也同样需要自己的活动空间**。这是一个极大的，令人感到痛苦的反讽。博厄斯过世后尚且不到十年（这位人类学家殚精竭虑，致力于阐明一种明确反对种族主义的文化概念），南非国民党派的建立者们就谋求用"文化"，把非洲人限制在"他们自己的位置上"。

　　在上文中我曾提到，这些批评和担忧在20世纪80年代格外引人注目。正是那个时候，许多著名人类学家从女性主义、后殖民研究、后现代主义和某些社会学传统中汲取灵感，开始脱离甚至否定文化的概念。这通常与该概念的某种本质主义风险有关。米歇尔·福柯（Michel Foucault）和皮埃尔·布尔迪厄（Pierre Bourdieu）的观点成了富有影响力的替代品。福柯对权力和主体性的关注，以及他将"话语"（discourse）作为一种启发性的框架装置来使用的做法，与这些新出现的方法论路径十分契合。同样，布尔迪厄的实践理论（theory of practice）体现在他对术语"惯习"（habitus）的使用之中，这个概念在许多方面和"文化"很像，但是被认为更灵活和流动。在布尔迪厄的描述中，惯习是一种**倾向**（disposition）：人类在这个结构的语境中思考、行动、计划、感觉、言说和感知，但又不完全被这个结构所决定。在一段如今已广为人知的表述中，他把惯习定义为"被结构的结构，已被预定作为具有结构化功能的结构来发挥作用"（structured structures predisposed to function as structuring structures）。换句话说，我们被我们生活于其间的世界所形塑，但并不总被习俗和习惯所束缚。如布尔迪厄所说，我们的行为，既不是一种"机械反应"，也不是"创造性自由意志"的产物。[21]

　　并不是所有开始在研究中纳入更多对权力的明显关注的，或是开始讨论"惯习"的人类学家都停止了使用文化这个概念。实际上，即使是一些最受尊敬的"文化"概念的批评者，仍然会在一个较弱的意义上使用"文化"一词，也就是说，不将其作为一个主要的分析性术语，而是在描述性文字或有语境的行文中使用它。比如人类学家阿尔君·阿帕杜莱（Arjun Appadurai）就是这一领域的资深学者。他主要研究印度，提出要警惕"文化"概念的僵化性和客体性。而这些内容都被写在一本关于"全球化的文化维度"的书中（这也是该书的副标题）[22]。里拉·阿布－卢赫德（Lila Abu-Lughod）是另一位重要学者。她是研究埃及、性别与媒介的专家，主要的学术兴趣是"文化形式与权力的关系"。[23] 但她于 1991 年发表了一篇极具影响的论文，论文标题非常直接：《反对文化的写作》（"Writing against Culture"）。它凝聚了福柯、布尔迪厄和其他许多我这一代的学者的思想结晶。[24] 阿帕杜莱和阿布－卢赫德真正所做的，是让我们更多地将文化用作形容词而非名词。这种对类事物的（thing-like）、客观的概念的背离，使得上述这些理论路径充满生机。

这些文化概念的争论，许多都发生在北美学界。在英国，至少作为一个清晰的、分析性的工具的"文化"，已经很久没有人使用过了。如我上文所强调的，马林诺夫斯基为文化理论作出了重要贡献，但自从他 20 世纪 30 年代末期离开伦敦政治经济学院前往耶鲁大学执教，并不久于纽黑文去世之后，至少在人类学领域，英国学界对文化理论的兴趣也差不多随他而去了。然而，它却在别的领域兴起了，特别是在一些文学和社会批评家的工作中，比如理查德·霍加特（Richard Hoggart）、雷蒙·威廉斯（Raymond Williams）和之后的斯图尔特·霍尔（Stuart Hall）。这项工作被称为"文化研究"，但它的践行者们并不会去拜访特罗布里恩德群岛。他们探讨种族、阶级、性别、性向和青年是如何塑造当代西方社会的，并反抗当权者和议程设置者的要求和期待。他们的研究大多援引马克思和意大利社会批评家安东尼奥·葛兰西（Antonio Gramsci）以及后来福柯的作品。

马林诺夫斯基前往美国后，拉德克利夫-布朗开始在英国声名鹊起。他在一系列为他奠定名望的文章中，用"社会"代替"文化"作为分析的核心术语和研究对象。他十分讨厌文化概念，称其为模糊的抽象概念（vague abstraction）。[25] 事实上，从这时起，英国人类学——还记得吗，它经常被称作**社会**人类学——从来没有操心过该如何构建关于"文化"的理论的问题，即使它的使用者们从未彻底抛弃这一概念；简单翻阅一下 20 世纪 40 年代以来的经典英国社会人类学研究就会发现，其中频繁地出现"文化"和"文化的"字眼。同时，战后一些英国人类学家觉得他们的美国同行似乎有些过度地纠缠这一模糊的抽象概念，以及在格尔茨的研究之后，他们又开始痴迷于它所要求关注的比喻式语言、象征和符号学。英国人类学更多地关心拉德克利夫-布朗所谓的社会结构或社会组织，也就是亲属关系（如何对待某人的岳母；父亲与孩子之间纽带的独特性质），政治结构和角色（无国家社会中平民和领袖之间关系的动力学），宗教实践（禁忌的维护、献祭的功能）和其他**扎根**（grounded）的事物。

　　总而言之，大部分在英国接受训练的人类学家不会费心去批评文化，他们只是延续他们的使命，将从 19 世纪开始到 20 世纪初期欧洲大陆的社会思想家们（埃米尔·涂尔干、马塞尔·莫斯 [Marcel Mauss] 和卡尔·马克思）的著作作为其理论上的渊源。早在 1951 年，马林诺夫斯基在伦敦政治经济学院的继任者，雷蒙德·弗思（Raymond Firth）就委婉地责备过他"毫无必要地吹毛求疵"的同行，即"一群用文化概念来定义他们的材料和主要理论框架的人类学家"。[26] 对弗思来说，"社会"和"文化"明显是一组关键要素相互融合的概念。这种想法非常明智。

文化的结语

　　1988 年，思想史家詹姆斯·克利福德（James Clifford）做出了一段对于人类学思想最精当的评论："文化是个有着很大缺陷的概念，但我还没法抛弃它"。[27] 而在我看来，鉴于许多当代作品和研究所显示的状况，这个学科也还没法抛弃，而且也不应该抛弃这个概念。这是一个"只要不全盘接受，就得完全舍弃"的概念吗？当然不是。我所有的同行都接受它吗？也并非如此。也有些人至今仍基于它进行研究工作。进入 21 世纪之后，大部分曾经致力于推翻这一概念的人都开始转向了其他议程，还有些人觉得它已经死透了，所以他们停止了攻击。但依然有人不声不响地继续研究文化，或某种类似文化的东西，就好像它在他们的脑海中始终未曾远离，即使他们并不会把它挂在嘴边，或让这个词高频出现在文章里。（无论何时，一旦哪个人类学家不小心用了"意大利文化"或是"伊斯兰文化"这样的说法，他们脸上都会微微现出羞赧的表情。这种说法让人感觉过于**简单**，甚至是幼稚的。当记者问我们关于这些的问题，我们会在心里嘲笑他们，但当我们的同僚们这样做时，我们则会原谅。）

这本书余下的部分，旨在向读者展示文化是什么，它的全部意涵，包括它的所有瑕疵。我同意阿帕杜莱和阿布－卢赫德的观点，他们提醒我们注意文化的客体化倾向。但我也同意马林诺夫斯基，他在 1926 年谈到："人类文化的现实不是一个连贯的逻辑体系，而是一个沸腾涌动的、各种冲突原则的混合体"。[28] 罗伯特·路威（Robert Lowie），博厄斯最早的学生之一，在 1935 年直言不讳地表示："就像没有绝对纯种的种族一样，也没有绝对纯粹的文化……数千年来，土著人从各种地方借用文化。试图孤立某种文化，认为它是纯粹本土的，无疑是一种愚蠢的想法。"[29] 我清楚地记得，根据当时两位美国著名的人类学系主任的观点，在 1952 年，学界的主流风潮是去发现（1）各种文化形式的相互关系；（2）多变性与个体。[30]

简单说，除了"文化"，没有其他任何一个概念能够涵括人类学历史中所有的成果和教训，以及在其中展示出来的、多种多样的方法和观点。我接下来将要讨论的人类学家中，并非所有人都会赞成我的观点，远非如此。而且，并非所有的争论、分析和兴趣点都起源于，或是围绕着"文化理论"。但所有的人类学家都分享同一个使命：他们关注，而且是**密切地关注**人类的社会历史；并警惕那些诉诸常识、人类本性和理性的观点和呼吁。这几个概念，甚至比文化概念本身还要令人恼火。这并不总是因为它们不合时宜，或因为它们是些西方人有口无心的陈词滥调，或它们因为愚蠢而危险，而是因为我们知道，民族志证据表明，这些概念的每一个都有着自己的社会历史。

有必要再三强调和解释文化概念的一个原因是，其他学科把它对于人类生活的中心地位看得要么太重，要么太轻了。在一个极端上，政治科学学者将文化当作是原初的、不变的。阅读某些国际关系理论可能会把人类学家气疯。他们认为一个民族，或一个民族的文化可以被完全地定义，并且坚如磐石。而在另一个极端上，心理学家们只在一小群人里做实验，然后便宣称自己由此推论出了全人类的认知方式，或人类的本性。但当你再仔细审视他们的工作，你会发现他们研究的那一小群人也许恰好就是他们所执教的学校里的大学生。对于任何有自尊心的人类学家来说，一个问题都会立刻浮现出来：我们真的能从一群哈佛大学的本科生身上推论出整个人类么？为了提出这个质疑，人类学家们诉诸文化概念。而这是一件好事。

第二章

CHAPTER 2

文明

在人类学思想中，文化和文明的关系曾经非常紧密。你不可能只知道其中一个而不知另一个。对爱德华·伯内特·泰勒来说，这两个概念是一个意思。在整个维多利亚时代，这两者至少一定是彼此相关的。事实上，那个时候的人类学家对文明的兴趣要超过对文化的兴趣。

为什么不呢？谁会对文明不感兴趣？

当我们想到文明，我们想到的是一些宏伟的纪念碑（古代的和现代的）、图书馆（在古亚历山大和当代伦敦）、大学、法庭、医院、路灯和平坦的公路。做一个文明的人意味着道德上的正直——坚信那些图书馆、法庭和医院背后的价值观：自由的思想、公正和关怀。再者，如果你是文明的，那你应该有很好的餐桌礼仪。维多利亚时代的人们对这些感兴趣是因为他们把这些文明的标志和道德进步联系在了一起。

当然，有许多例子可以让我们认识到事情的另一面；有些人不得不去**建造**这些宏伟的纪念碑，而且他们无法从这些成就中获益。(即使是刚上学的孩子都知道,金字塔并不是法老们自己推动巨石建造起来的。)平坦的道路上往往会发生交通阻塞。所以有些极具感召力的人物促使我们去质疑文明表面的虚饰和官方宣传的故事情节。亨利·大卫·梭罗(Henry David Thoreau)就是其中一位,他退隐到了幽静的瓦尔登湖畔。另外我们还读到约瑟夫·康拉德(Joseph Conrad)那部有力的作品《黑暗的心》(*Heart of Darkness*),这部小说抨击了殖民主义的残暴行径,而同时期的"安乐椅人类学家"们则还在通过殖民代理人搜集研究材料。

1899 年康拉德发表《黑暗的心》之时,文明的吸引力非常强大。这本书的出版也未能阻挡这种趋势。但同康拉德一样,当时也有一小部分人类学家,特别是博厄斯,开始质疑"文明"是否应该继续被当作一个为人类学注入生命力的概念。这并不意味着他们都想彻底回归瓦尔登湖畔的隐居生活。**但是他们开始意识到,人类学的工作可能无法借助"文明"这个概念来完成。和本书中将要提及的其他任何概念相比,"文明"一词中暗藏的、无法被忽视的道德意味都要更强烈,这种道德色彩使人类学感到颇为困扰。

感到困扰,是因为它始终未曾消失。可以确定的是,除了考古学家这个显著的反例(我将在本章的结尾回到这个话

---

* 就连梭罗本人,也只是在瓦尔登湖畔暂时隐居了一段日子。"现在,我又再次回到了文明生活中。"他在书的开头这样告诉他的读者们。(1897,p.1)

题），你几乎无法找到任何当代人类学家明确地使用"文明"这套术语进行思考或写作。但是这个词背后的逻辑却始终暗含在人类学的框架和分析背后，或是以其他方式产生着影响。

当下，人类学正在持续地批判"文明"概念。但毫无疑问的是，它是该领域的一个核心概念，围绕在它周围的争论是值得关注的。这些争论可以帮助我们探讨人类学历史上的一些重要细节和它与更广阔世界之间的联系。另外这些争论还有助于我们探究人类学至今尚未完成的最重要使命之一，即彻底将自己从这些语言和思想中解脱出来。因为尽管你很难发现有多少当代人类学家捍卫文明这一概念，但只要听听政客、记者和评论家在当代舞台上的发言，你就会确定文明的那套话语仍然活跃而且势头良好。更不幸的是，它背后的那套逻辑也依然存在。2016 年 12 月，柏林的圣诞集市遭受恐怖袭击之后，唐纳德·特朗普（Donald J. Trump）发了一条推文："文明世界必须改变思维方式！"[1] 特朗普说过许多其他人没有说，或是不会去说的话，但这句话不在此列。在当下的政治环境里，类似的言论已经频繁出现，毫不稀奇了。

"文明"是，或者说至少已经成为一个危险的词，比文化要危险得多。为了认识到为什么会这样，我们必须再次追溯到这个学科建立之初的时候，在社会进化论的范式中去审视"文明"的地位。

从野蛮到文明

爱德华·伯内特·泰勒从加勒比地区和墨西哥返程后，以旅行经历为素材出版了一部很受欢迎的作品；维多利亚时代的人们钟爱这些带有民族志风格的观察和叙述的探险故事。但是通过他后期的作品，特别是代表作《原始文化》（1871），泰勒确立了他在人类学这个新兴领域中的领袖地位。虽然作为一名不从国教者（non-conformist），他无法被牛津和剑桥录取，但基于他的研究，泰勒获得了牛津大学最早的一批人类学教职之一。

泰勒并不是那个时代唯一的人类学先行者。赫伯特·斯宾塞和路易斯·亨利·摩尔根（Lewis Henry Morgan）都比泰勒稍微年长一些，也都极具影响力。摩尔根之前在纽约上城区做律师。他从来没有到过加勒比地区那么远，但他和其他一些年轻人出于对美洲原住民的浓厚兴趣，共同组织了一个俱乐部，叫做"新易洛魁社"（The New Order of the Iroquois）。为了给这个新俱乐部制定一套规则，摩尔根开始研究易洛魁联盟——著名的从纽约横跨加拿大的五个民族的联盟——的政治同盟协议。这个联盟后来成了人类学研究所关注的重点对象。[2]

泰勒、摩尔根和同时期的其他研究者都受到达尔文的深刻影响。尽管在这里需要重申，社会进化论（和生物进化论一样）的诞生早于《物种起源》的发表。虽然这些维多利亚时期的人物受到达尔文影响的程度不同，但他们都会使用进化论的术语进行讨论。他们将用以理解自然世界（软体动物和蕨类植物们）的进化论应用于社会世界之中。

在《原始文化》中，泰勒承认，将植物和人类放在同一框架下谈论可能会使他的许多更为笃信宗教的读者感到困惑。"对许多受过教育的头脑来说，"他这样写道，"将人类历史视作整个自然的历史的一部分，认为我们的思想、意志和行为由一些外在的定律主导，而这些定律就如波涛起落、酸碱的中和以及动植物的生长那样清晰确定，这种观点会让他们觉得僭越且不可接受。"[3] 但是对泰勒和其他这些人来说，物理学、化学、生物和人类学是一个整体。

如我们已经注意到的，斯宾塞曾将肝脏细胞与政治组织相提并论；泰勒也从自然科学中借用了许多术语。比如，他认为人类学家应该把弓和箭视为一个"物种"（species）。他强调所有的既有文化都应该被仔细地"解剖"（dissected）到其中的每个细节。他就好比一个生物学课堂上充满了热情的学生，将文化摊开在解剖桌上，切开它并为每一个部分贴上标签。但要想将进化论移植到社会领域，确实至少需要一套以文明概念为核心的新术语。

关于文明，需要注意的最重要的事情之一是，它是一个关系性的术语，只有在与其他的生存状况和世界观相比较时才有意义。在 19 世纪，最重要的两个被拿来比较的生存状态是"未开化的"（barbarian）和"野蛮的"（savage）。虽然文明本身是一个相当晚近才出现的词语（通常被追溯到 18 世纪），但另外两种说法就要古老得多。古希腊人和古罗马人用这两个概念将自己和其他族群区分开。"未开化的"是一个用于形容其他族群的语言如同"含糊不清的胡言乱语"（babble）的贬义词——并不只是无法理解的，而且是落后的。"野蛮"一词源于拉丁语 *sylva*，意思是"森林"，用于形容人像生活在林子里的动物一样。[4]

这三个术语形塑了早期的社会进化理论。生物学家用界、门和纲这样的术语来解释分类体系，而人类学家则在野蛮的、未开化的和文明的这三种状态之间做出粗糙的类别划分，并在此基础上展开研究。

摩尔根有一个特别细致的方法，用于判定一个社会处于七个阶段中的哪一个位置，其中"未开化"和"野蛮"各自有低级、中级和高级三个阶段；而"文明"只有一个均一的阶段（尽管这无法解释一个事实，这些盎格鲁－美国人肯定觉得自己比其他国家的人，比如南欧人更文明；一个意大利天主教徒和一个英国或是美国新教教徒不可能处于同等的文明程度）。比如区分野蛮社会的低级和中级阶段是看是否开始使用火；而高级的野蛮社会则已经掌握了一些技术，比如制造弓箭。未开化社会进入高级阶段的标志是炼铁术。文明则开始于音标字母和书写出现之后。[5] 正如我们可以想到的那样，这些阶段内部还有一些细小的差别。比如，如果你仔细阅读摩尔根的《古代社会》，你会发现风干的陶器和烧制陶器之间也有区别；后者在进化阶梯上的位置比前者高上一小步。

在这一体系下，分类成了一个简单直接的工作。遮腰布和居无定所的游居？可以说是非常野蛮了。用树条编织的或是泥糊的小屋子、铁质工具呢？完美符合未开化的定义。意大利面、火药或是围绕书面文本建立的中央集权政治形式呢？欢迎来到文明社会。这一分类体系让像摩尔根这样的人得以画出一幅更为清晰的世界图景："非洲在民族文化上自始至终都处于野蛮和未开化的混乱状态，"他这样写道，"澳大利亚和波利尼西亚则曾经处于单纯而简单的野蛮状态，其艺术形式和社会组织都与这种社会状态相适应。"[6]*

毫无疑问的是，社会进化论和文明的这套话语是由道德情感塑造的。尽管早期的学者并没有完全贬斥那些"更粗鲁"的族群，比如摩尔根就真诚地欣赏易洛魁文化，但让-雅克·卢梭笔下的所谓"高贵的野蛮人"（Noble Savage）形象

---

* 这并不是说非洲就是神秘莫测的。它在"民族文化上的混乱"是由其社会形式种类繁多而造成的。比如，东非的哈扎人会被分类为野蛮的狩猎采集者。而南部非洲的恩古尼人（Nguni）则因为他们以宗族为基础的政治制度和以畜牧业为主的生活方式被认为处于"未开化"的阶段。总而言之，"未开化"意味着饲养家畜和拥有等级制的政治模式。

在这个体系之下完全不存在。* 这是显而易见的，因为这些人所深深服膺的，不只是一种进步主义的历史观，更是一种我曾在上文中称之为目的论的历史观。用泰勒的话说，人类受到定律（laws）的束缚，就好像海浪会按一种完全固定的方式波动，这个事实赋予了这种范式一种强硬的预定论倾向。

这种定律式的理解的核心，是"人类的心灵统一性"原理。泰勒和摩尔根认为，野蛮人和文明绅士有着相同的心智能力，人类整体上是一个种族，因此他们本质上拥有同一种头脑。

该原理之所以重要是因为以下两点。第一，它给了社会进化论者一个科学家们所需要的东西，一个常量。在假设了心灵统一性的前提下，有可能通过所谓的"比较方法"（这根本不是什么原创的或是专门的术语！）来构建出人类历史甚至是史前史。第二，它推动了一种可量化的、局部分析的方法。"如果规律存在于某个地方，那么它就存在于所有地方"，泰勒写道。[7] 当泰勒认为一种文化可以被分解到每一个具体细节去审视时，他是认真的。各种技术和制度的列表在微观层面上再现了野蛮—未开化—文明这一作用在宏观层面的总体

---

* 泰勒写道："加勒比人（Caribs）被描述成快活、谦虚和有礼貌的种族，而且他们互相之间非常诚实，假如他们家里丢了东西，他们会自然地说：'这儿来过一个基督教徒。' 但是这些令人尊敬的人又残酷地对待他们的战俘，用刀、火和辣椒折磨他们，在放浪形骸的宴席上将他们煮着吃了。这就说明了为什么在许多欧洲语言里，'加勒比人'和'食人族'是同一个意思。"（1871, p. 30）.

系统。

举个例子，假如你要用这种比较方法去看待一种文化，那么你需要考虑的众多"细节"之一就是亲属制度。这种理论视角认为，亲属制度必然存在；你所要做的就是去衡量它究竟落在社会进化的哪一个阶段里。并不是所有的细节都是可以与发展阶段完美对应的。但是有一些一般性的的规律可循（事实上应称之为**假设**；我们稍后将讨论这一点）。父系社会比母系社会的进化程度更高，这算是个常识，在对一个社会进化程度进行总体计量的时候，可以将这一项直接勾出来，就像在表格的栏目上打勾那样。为什么呢？这些维多利亚时期的学者会这样论证：父系社会**明显**比母系社会更文明，是因为它需要依赖于某种道德上的正派，以及社会的稳定性和复杂性。由于你不能像知道孩子的生母那样确切地知道谁是孩子的生父，因此父系社会标志了一种进化得更高级的性关系和亲属关系。毕竟野蛮人和未开化的人不会控制他们的性冲动。所以一个处于野蛮社会的妇女可能会与几个不同的男性发生性关系，因此不知道，或不在乎谁是她孩子的父亲。

心灵统一性原则同样还让我们可以将人类社会描述为处于线性时间上的不同位置。既然我们拥有心灵一致性，而且定律又是无处不在的，我们像波涛、潮汐那样被定律所控制，所以社会进化论者才可以将易洛魁人、加勒比人和哈扎人视为活化石。我们可以通过观察他们来发现我们自己蒙昧、粗鲁的过去。"我们遥远的祖先一个接一个地经历过相同的境况，毫无疑问的是，他们拥有许多相同或相似的社会组织，并有着许多共同的做法和风俗习惯。"[8] 即使一方面，社会进化论关注漫长悠久的历史——人类数十万年的发展史——但在另一方面，它又是极为非历史（ahistorical）的。

这种历史维度的欠缺，正是博厄斯的根本不满所在。1896 年，他发表了一篇文章，批评文化进化论者关于人类的社会和文化发展被定律所控制的断言。他认为问题在于，文化进化论者忽视了非常重要的一点，我们都知道，事实上人类的文化特点和社会交往模式永远在互相借用和适应。更重要的是，从对泰勒和其他人发展出的进化定律的强调中，衍生出了一种演绎的路径。博厄斯指出，他们从一般性的理论推演出特殊性，这是一种坏的科学。这就好比先有结论，然后倒着向前推导证据。人类学这个研究领域必须使用归纳方法。它需要从特殊的事物入手，总结出其中的普遍性。正如我们已经探讨过的那样，这种对于历史和特殊性的关注，是博厄斯学派文化概念的基础。这个背景故事让我们可以理解博厄斯为什么认为社会进化论对于某种文化达至其"细节"的"解剖"是荒谬的，以及他又是如何去证明这一点的。解剖一种文化一定会造成它的死亡。博厄斯毫不客气地在结论里写道："尽管这种比较研究的方法在口头和各路文本中被大肆赞扬，但它却没有产出任何确定的成果，我相信，如果我们不谴责那种徒劳的、试图构建一部统一的、系统的文化进化史的努力，我们就无法做出任何有益的研究。"[9]

还有一个问题。维多利亚时代的社会进化论是一种伪装成科学的道德哲学。然而，在继续揭露和理解这点之前，我们也应该注意不要过于简化摩尔根、泰勒和其他人的使命，或是脱离时代背景去看待那些作品。在针对这些维多利亚时代人物的当代批判中，有一点经常被忽略，那就是他们整体原则的进步性。在19世纪70年代，认为卡拉哈里（Kalahari）沙漠的布须曼人（bushman）和伦敦的绅士拥有同样的心灵，是对一种种族主义逻辑的挑战，这种在当时（现在也是）曾长期具有强大影响力的逻辑认为，白人和非白人在心智能力上有着本质上的不同。实际上，在这一点上，博厄斯和他的这些维多利亚时代的先辈们站在同一条战线上。

在那个时期，常有人质疑非洲人在心智上是否有能力构建起任何看上去像是"文明"的东西。所以当欧洲殖民当局和传教士发现非洲中部存在类似于国家的政治体系时，他们开始了诡辩。比如他们认为在非洲中部拥有王国制度的图西人（Tutsi）并不是**真正**的非洲人。通过援引圣经中含（Ham）的故事，许多殖民者声称图西人是个失散了的以色列人部落。在谈论非洲南部今已衰亡的莫诺莫塔帕帝国（Monomotapa）时，他们也提出了其他相似的观点，这个大津巴布韦地区的宏伟遗迹被人们（其中包括考古学家）认为不可能是由黑人建造的。

我说"一种种族主义逻辑"是因为此外还有许多种。维多利亚时代的社会进化论最终推动了另一种种族主义逻辑，并使之正当化了。这些维多利亚时代学者们所依据的理论基础与其说是人群之间性质上的差异，倒不如说是量上的差异。而且它取决于时间属性，而非生物属性。在这个进化论的框架里，"他者"并不是一种完全不同的生物，他们是"过去的我们"，或者说更像是儿童时期的我们。他们终有一天会成为我们，只是还有很长的路要走。

这种家长制观念对帝国的企图极为有利。正当新出现的人类学教授们忙于研究如何绘制从野蛮、未开化到文明的进化轨迹时，其他一大群活跃在 19 世纪舞台上的人们——如英国的总督、法国的殖民部队（*troupes coloniales*）和德国的虔信派传教士们——正在利用文明背后的逻辑和语法（grammar）去为帝国主义辩护。

文明教化的使命，或称为 *mission civilisatrice*，是殖民地时代的档案中无处不在的短语，一个在阅读那个时代的文本时必须要了解的背景。只要你翻开任何一本当时的游记、任务报告或是殖民地宣传物，就很快会感受到它背后的力量。任何研习过殖民史的学生都会知道伦敦传道会（London Missionary Society）所使用的精彩修辞，或是政客的呼吁，比如法国总理茹费里（Jules Ferry）宣扬法国人的权利和责任是传播"最崇高意义上的文明理念"[10]。

简·科马罗夫和约翰·科马罗夫（Jean and John Comaroff）[11]的研究非常准确地抓住了文明使命背后的动力学。作为研究博茨瓦纳和南非的茨瓦纳人（Tswana）的专家，他们通过详细的档案记录了"基督教、商业和文明"这套说辞在19世纪时如何塑造关于殖民遭遇的叙事，和塑造西方对非洲这个"黑暗大陆"的描绘。通过将他们在20世纪70年代和80年代所做的田野调查，与对档案资料和流行文化解读结合在一起，科马罗夫夫妇追溯了他们称之为传教士（大都不属于英国国教教派，比如罗伯特·莫法特[Robert Moffat]、大卫·利文斯通[David Livingstone]）和他们可能的信徒之间的"漫长的对话"。他们重点关注传教士而非殖民地军官和商人，这并不意味着那些人就是不重要的。但事实上，传教士往往是最先抵达那里的人（无论**那里**在哪儿），他们待的时间更长，对当地状况的了解也更深入（当然，直到政府资助的人类学家们出现）。

科马罗夫夫妇所展示出的一个重要的方面是，文明是如何在上帝和市场，以及随之而来的那个由礼仪、伦理和个人倾向所构成的框架中被理解和实践的。许多传教士在非洲殖民地所做的远远不止传播福音本身。传教士们几乎重新安排了所有的事务——不只是那些与宗教显著相关的事，比如婚姻习俗（多偶制曾引发过无数传教士的道德恐慌），甚至连一些小细节，比如一个村子的布局或是器具的用法，传教士也常常插手。变得文明同样意味着变得有礼貌：展现和践行文雅社会的规矩。传教士们还经常提倡科学，使其凌驾于他们口中的"土著人的不理性和迷信"之上。他们建造医院和学校，以治疗当地人的身体和训练他们的头脑。

"殖民化"从来不是单一的一件事，也从不是由某个主教、首相或富有冒险精神的大亨所控制的统一的项目。科马罗夫夫妇和其他许多细心研究帝国史和殖民史的学者们很好地证明了这一点。但是他们同样证明了，我们所谓的"文明的语法"曾变得多么强大。

科马罗夫夫妇称这种语法为"对思想意识的殖民"，这等同于如下论点：无论是有意的或无意的，这些帝国殖民和福音传播的对象都被卷入了一场漫长的对话中，而且他们不得不接受欧洲人和美国人所设定的对话规则。在科马罗夫夫妇的书中，有一章经常被引用。在这一章里，他们通过讨论大卫·利文斯通作品中的一个选段来阐述这个问题。利文斯通可能是维多利亚时代最伟大和最受欢迎的传教士探险家（他的遗体埋葬在西敏寺，但他的心脏则依他的遗愿，永久地留在了非洲）。在这个选段中，利文斯通详细记录了他与某个茨瓦纳人的一场对话。利文斯通扮演了"医学博士"的角色（记住，这些神的仆人也常常是为神服务的科学的仆人），而茨瓦纳人则被称作"求雨术士"。在这段对话里，利文斯通宣扬了科学、理性和神学，并试图以此说服求雨术士他的努力是无效的——它至多是一种巧合，说的难听一些，就是一种瞅准时机做出的表演（一看见远处地平线上的云聚集起来就赶紧开始）。求雨术士实际上在这场交流中坚持了自己的观点，拒绝屈服于利文斯通——甚至指出了传教士的虚伪。在这段记录中，利文斯通笔下的他者是作为反抗者出现的，而不是被动顺从、像孩童一样的原始人。然而，到了这段对话结束的时候，它还是在利文斯通设定的讨论框架下进行的。科学、理性和神学，三者共同塑造了用以判断何者符合语法（grammatical）、何者不符合语法（ungrammatical）的参数。文明得胜了。

这段对话真的发生过吗？有可能。它真的如利文斯通描述的那样吗？值得怀疑。他讲述的是他眼里的故事。对他的目标读者来说，不服气的本地人做出短暂的反驳，使得整个故事更加引人入胜。但正如科马罗夫夫妇所论证的那样，它代表了一种更分散的、正在展开的"两种文化的对抗"。[12] 获胜的，并不是"西方文化"。科马罗夫夫妇和任何其他有自尊心的人类学家都会否认存在一种叫做"西方文化"的东西，我希望我已经在上一章中把这点说清楚了。事实上，如民族志记录所清楚体现出的那样，这样的对话、交流甚至对抗，经常是双向的或是多向的。科马罗夫夫妇在他们的历史人类学研究中记录下了许多西方思想非洲化的实例。甚至在某种程度上，这些名称只有相互关联着看才有意义。

但民族志记录也清楚地表明了，文化的语法具有强大的影响力，而且对殖民地和前殖民地的社会动力学和文化想象都有着极坏的影响。在利文斯通游记中的对话发生将近一个世纪后，另一位医生对殖民地的状况做出了有预见性的诊断。弗朗茨·法农（Frantz Fanon）是一位来自马提尼克岛（Martinique），在法国受训的精神病学家。他去了阿尔及利亚的一所医院执业，后来又参与了阿尔及利亚的独立运动。在其1952年出版的经典著作《黑皮肤，白面具》（Black Skin, White Masks）中，他向站在茨瓦纳求雨术士身后的人们发出了一声集结的呐喊，给了殖民地长官和殖民地的臣民两者一记清脆的耳光。他指出"黑人是猴子到人类缓慢进化过程中的一个阶段"（这时，心灵一致性的进化论观点已经被抛到了脑后）的假设是阴险的。法农继续说："所有被殖民的民族，或者换句话说，所有那些因本土文化被扼杀和埋葬而在其灵魂中产生了自卑情结的民族，发现自己面对着前来'文明化'他们的国家的语言；也就是说，来自殖民母国的文化。被殖民者在多大程度上脱离了他们的"丛林地位"，取决于他吸收了多少母国的文化标准。当他宣布弃绝他的黑皮肤和他的丛林时，他就变得更白了。"[13]

关于"丛林地位"（jungle status）之影响的另一个更晚近的例子来自对玻利维亚北部的艾斯艾赫人（Ese Ejja）的研究。[14]

他们的语言属于塔卡纳（Tacana）语族，人口不足1500人，分散在玻利维亚和秘鲁的部分地区。他们打猎、捕鱼，从事刀耕火种式的农业，住在乡村定居点里（这些定居点如今都被规划在足球场周围）。和许多小规模的原住民群体一样，艾斯艾赫人饱受欧洲定居者的骚扰，在遥远的农村仍处于被边缘化的状态，或是被卷入剥削性的采矿劳动中。

在1999—2001年的田野调查中，伊莎贝拉·莱普里（Isabella Lepri）经常听艾斯艾赫人自称是"不得体的人"，认为自己仍然具有野性，举止野蛮，而城市里的白人和混血的玻利维亚人是文明的。在当地语言中，白人实际上被称为"*dejja nei*"（非常漂亮／真实／真正／得体的人）。莱普里告诉我们，在很多方面，她认识的村民都想成为大城市里的白人。在村子里，她认识的一个女人会用洋葱和孜然等"白人食物"做饭。她会拜托莱普里进城时替她买奶酪，总是想在"正午时分"吃午饭（尽管莱普里告诉我们，这和时钟上的正午时刻没有什么关系）。地方文化发生了一些变化；那些踢足球的年轻人会模仿他们从流行文化中了解到的如何踢球、如何着装以及如何在球场上表演。对艾斯艾赫人来说，足球是他们生活中**非常重要**的部分。但他们与外界有一个显著的区别是：他们进球后从来没有炫耀和庆祝，甚至没有喜悦；在艾斯艾赫人的传统中，获胜或成功会导致冲突，他们会尽自己所能避免它。在艾斯艾赫人的比赛中，获胜的一方并不专注于自己的最终得分；他们会说对方需要再进多少球才能打平。一般来说，年轻人普遍被认为是"近乎 *dejja* 的"，也就是说他们在朝向文明生活的路上走得更远。

艾斯艾赫人已经将文明的语法内化了，而且他们并不是绝对意义上的"可鄙的野蛮人"。他们对玻利维亚白人的态度从另一些方面揭示了一个更复杂的情况。他们可能想成为"文明人"，但不想成为玻利维亚白人，也不想住在他们认为肮脏、危险和暴力的白人城镇里。他们说，村子里的生活很好，人们互相关心，食物充足，而且人们互相分享。艾斯艾赫人与外界的直接接触越多，这种本地自豪感似乎就越明显，从而改变了他们对事物的理解。这种自我认同和自我价值的转变并不少见。但在亚马孙流域的地方语境下，近期许多关于当地文化的研究都主张注意这种动态的区域性特征，称之为"视角主义"（perspectivism）。我将在第八章中回到这种人类学方法，因为它在过去二十年中获得了许多关注。这里只是要指出，这一方法再加上足球的例子，让我们可以看到"艾斯艾赫人如何想要成为 *dejja*，但要以他们自己的方式，通过有选择性的模仿，去除与自身伦理相抵触的部分"。[15]

对艾斯艾赫人的研究向我们展示了野蛮和文明这套话语是如何流传至今的。然而，它的一个核心方面不仅体现为对这些术语本身的使用，而且还体现为我前面提到的，进化论思维方式所系于其上的时间链条。这根链条通常可以被隐藏和润滑得很好，但知道它的存在对理解这一逻辑的运作至关重要。我们发现，相比人们对别人（有时是自己）做出令人尴尬的和不舒服的评价，称他们为"不得体的人"，更常见的说法是他们是**落后的**，**落后于时代**，**停留在过去**，等等。

这种说话方式不仅在殖民或后殖民社会很普遍，在任何地方都是如此。如果你住在威尔士乡下或爱达荷州乡下，来自卡迪夫或西雅图的人可能会说你"落后于时代"。你也可能会这样说自己，以表达一种自豪感。我认为这些短语虽然经常出现在无伤大雅和轻松逗趣的笑话中，但其中所表达的社会进化论逻辑就和艾斯艾赫人的妄自菲薄一样明显。

这种逻辑不仅可以用于嘲笑威尔士农村人，或用于对亚马孙原住民的人类学分析，它在很多其他场合也发挥着作用。以"全球反恐战争"为例，我们从这章开头处所提到的特朗普的推文里就可以发现这个观点。在"9·11"袭击事件发生之后，"文明"话语开始全面高频出现在公众讨论里。西方世界的政治人物和时事评论员纷纷呼吁文明世界坚定地反对恐怖主义分子的野蛮行径，有些西方世界之外的评论者也会公开支持这一立场。这没有什么独特之处。与自己敌对的他者总会在某个方面是未开化的或野蛮的。看看第一次世界大战期间美国的宣传海报；德国人——"匈人"（Huns）——看起来就不太文明。在某些图片里，他们甚至不是人类，而是可怕的猿猴。然而，与反恐战争尤为相关的，是文明这个概念本身，尤其是被哈佛大学政治科学系教授塞缪尔·亨廷顿（Samuel Huntington）所阐释的版本。

1993年，亨廷顿发表了一篇影响巨大的论文《文明的冲突》，文中他表述了他对世界政治的未来的看法。[16] 他认为随着冷战的结束，地缘政治将不再被社会主义和资本主义之间的意识形态斗争所定义；事实上，区分第一、第二和第三世界这套话语将渐渐变得无关紧要。冷战秩序将被文明的冲突所取代。

亨廷顿将文明定义为"文明是对人最高的文化归类，是除开那将人类与其他物种区分开的范畴之外，人们文化认同的最广范围"。[17] 亨廷顿对"文化"和"文明"这两个术语的使用做出了很明确的区分。前者被包含在后者中，具有更多中层和微观层面的具体特性。但他在许多地方又交替使用这两个词。在这方面，以及在他给出的定义多少依赖于心灵统一性原则这个方面，亨廷顿的理解与泰勒的理解非常相似。对他们两个人来说，最重要的是文明和文明背后的道德叙事。

当然，亨廷顿没有提到什么"粗鲁的种族"，也没有提到野蛮人或未开化的人。文明是人类最低的共同标准，他认为非洲甚至可能存在一个"主要文明"（维多利亚时代的人绝不会这么说）。不同文明之间因为"历史、语言、文化、传统，以及最重要的，宗教"而不同。[18] 这些差异是真实和基本的，虽然它们并非注定会相互冲突，或完全免于改变和互相渗透，但它们是重大危险的根源。亨廷顿认为，最大的危险是西方和伊斯兰教之间的冲突。这是在 1993 年。到了 1998 年，在东非，两场对美国大使馆的袭击被确定与本·拉登有联系，亨廷顿开始被人们认为是有远见的；"9·11"事件后，他看起来完全就是个先知。

"伊拉克战争多国部队"并非全盘赞同亨廷顿的观点。在官方的叙事里，全球反恐战争从来都不是"文明的冲突"。乔治·布什直截了当地说出这样的话肯定是不合适的。他对外传达的信息始终是，恐怖分子的行为是对伊斯兰教的歪曲。布什曾经援引过一个中世纪的意象，称他们的反恐行动为一场"十字军东征"，但他的高级幕僚后来收回了这句话。[19]

不管怎样，亨廷顿本人其实无意理会那些策划了阿富汗和伊拉克战争的新保守主义者。然而，就像许多流行语一样，亨廷顿理论的流行也代表了一种更广泛的心态和情绪。全球反恐战争，就是社会进化论具有恒久吸引力的一个例证。

这一点部分地表现为，这系列反恐战争，特别是在阿富汗的战争被很大程度上与"文明教化的使命"关联了起来。由于塔利班的存在，阿富汗境内的军事行动始终具有特别强大的道德力量；阿富汗人被认为是未开化的，显而易见，特别是在对待女孩和妇女方面。阿富汗人必须被拯救。然而，在伊拉克，它主要是为了实现民主，民主的倡导者都认为这是最文明、最先进的政治制度（民主政治毕竟是属于**文明社**

会的政治制度，不是吗？）。

再说一次，在冲突中主张自己一方具有道德优越性绝不是什么新鲜事。然而，文明的现代框架也在很大程度上利用了关于时间的比喻。就像维多利亚时代的人类学家一样，反恐战争中的关键人物也将他者（the Other）视为停留在过去的活化石。对我来说，证实这种心态的最意味深长的言论之一来自一位美国陆军上校："伊拉克西部，就像是六个世纪前和贝都因人（Bedouins）在他们的山羊毛帐篷里一样。"[20]

我不是军事战略家，但如果我是，我肯定要指出，这是一个非常糟糕，也非常**危险**的看待贝都因人的方式。回想一下近年来美国发起的一些不太成功的战争，比如在越南、伊拉克和阿富汗的那些，不难看出，人们有多少次错误地信任了美国技术优势的效力。这背后隐含着一个深受文化影响的理解：强大文明的力量将永远能胜过一个不如自己发达的社会或是敌人。

德国人类学家约翰内斯·费边（Johannes Fabian）创造了一个术语，"否定同在性"（the denial of coevalness），意思是否认你和别人处在相同的时代。费边在 20 世纪 80 年代提出这个术语是为了批判人类学家经常用来对待他们研究对象的方式。当然在那个时候，对社会进化论的明确信奉几乎已经被普遍抛弃了。费边的观点是，在其他理论范式中，仍存在把他者当作化石或古董标本对待的情况。他写道，人类学被当成了一台"时间机器"。[21] 当你离开大学时,你处在"当下"这个时代里。当你到达田野点的时候,你就进入了一个"已经过去"的时代里。

费边绝对是正确的。而尽管他的著作有助于破除这种否认,但否认同在性仍然是一种人类学的偏见。它主要呈现为一种浪漫主义情感——也许是无伤大雅的。但在非洲、南美洲低地或蒙古草原工作往往比在美国或德国工作显得更有魅力,更令人感到钦佩。* 这是因为人类学仍然部分地受到这样一种观念的支配,即要想真正了解人类的状况,我们就需要剥去"文明"和"现代性"的伪饰。

社会进化论的遗产有其较为温和的一面。提到"现代性"(modernity),使人想起的可能不是战争,而是发展与和平项目。第二次世界大战后,一些人类学家参与了"现代化理论"的建构和实施。例如,克利福德·格尔茨在他职业生涯的早期,领导了芝加哥大学新兴国家比较研究委员会(Committee for the Comparative Study of New Nations)。基本上,这是一项社会科学工作,旨在帮助了解前殖民地(比如加纳、印度尼西亚和摩洛哥等新近独立的国家)如何能被现代化,以及为何一定需要现代化。什么能让这些国家进入现代国家的行列?他们需要多少公路、医院和训练有素的建筑师?许多现代化理论家

---

* 除非在美国或法国的工作是关于另一个特别明显的"他者"的:比如非法的墨西哥移民,或是柏林的土耳其社区。那些被认为是异域的或边缘化的群体。

深信理解文化是至关重要的；这就是为什么人类学家的参与是有价值的。这并不是说他们想保存其他文化——尽管增加些地方性的色彩和趣味也很不错。但是，他们实际上关注的是如何最大限度地增加这些文化发展自身和融入世界（即西方）体系的潜力。这些理论家包括华尔特·罗斯托（Walt Rostow）这样的经济学家，还有如塔尔科特·帕森斯（Talcott Parsons）和什穆埃尔·艾森施塔特（Shmuel Eisenstadt）这样的社会学家，他们在发展、成就和国内生产总值的话语下提出了新进化论式的（neo-evolutionary）思想。

国际发展，这一现代化的当代产物，目前是一个重要的研究领域。不同的方法路径越来越多，其道德影响也日渐扩大。如今，没有一家大型跨国公司不设立"企业社会责任"部门或团队；在南非和巴布亚新几内亚活动的采矿公司会建立学校，支持妇女编织合作社等，以表明他们是负责任的公民。这些举措往往被宣传为某种形式的"地方赋权"行为。正如发展人类学的两位领军人物所表明的那样，旧式现代化假设了一种从上而下的渗透效应：它与当地的后殖民精英和新的国家机构合作，而其带来的益处将惠及下层农民。[22] 事实上，正如发展人类学家所论证的那样，许多这类计划要么失败，要么使当地局势恶化，与现代化者们的最初承诺背道而驰，这往往是因为它们完全无视了文化的问题。

即使一些发展举措已经有所改进，并能够对赋权和地方价值观的问题更加敏感，但我们还是可以注意到，文明和社会进化论的语法仍然根深蒂固。好吧，这主要体现在那些鹰派政治科学家的研究成果和战争剧场之中——完全不出我们意料嘛，你们中间倾向左翼的进步主义读者或许会这样说。但即使是在《卫报》这样一个值得尊敬的进步主义新闻媒体中，我们同样也能发现社会进化论的踪迹。

2008 年，《卫报》与巴克莱银行（Barclays Bank）和非洲医疗和研究基金会（AMREF），一个在非洲提供医疗服务的非政府组织，三者合作发起了一项为期三年的援助实验。该项目点设在乌干达北部的一个名为卡廷（Katine）的村子里。该项目的一个显著特点是向公众开放。随着项目的展开，《卫报》在网上发布了大量关于该项目的文章、视频、报告、研讨会录音和读者评论。[23] 这是一份令人吃惊的档案，揭示了发展工作的复杂性，特别是在建设可持续发展的项目方面。档案既向我们展示了这项工作中的成功，也展示了大大小小的麻烦和困难。项目在获得清洁饮用水、引进新作物、提升儿童疫苗接种率以及建立储蓄和贷款机制等方面都取得了成功。正如参与评估的人类学家本·琼斯（Ben Jones）在项目评价里所说，这个项目可以帮助你理解"为什么发展既是困难的，也是必要的"[24]。

卡廷项目是一次经过充分考量的创新实践。然而，我自己对这个项目的第一印象并不好。2007 年 10 月 20 日，星期六，在项目宣布开始的那天，我像往常一样买下一份《卫报》，看到头条新闻："我们能共同努力，把一个村庄从中世纪拯救出来吗？"接下来的新闻导语是："《卫报》发动了一场野心勃勃的援助实验，艾伦·拉斯布里杰（Alan Rusbridger）从伦敦出发几个小时后，就回到了700年前。"[25]《卫报》这位前编辑拉斯布里杰的这个中世纪比喻，是从牛津大学经济学家保罗·科利尔（Paul Collier）那里引用来的。在文章中，他进一步展开了这个意象，说这个项目想"帮助改变那些仍被困在14世纪的人们的生活"。

这甚至比那位美国陆军上校在伊拉克的言论更糟糕，也更危险。拉斯布里杰，或者再加上科利尔，仅仅是爱德华·伯内特·泰勒的新化身，或者是大卫·利文斯通的世俗化版本吗？不。总体而言，这个项目显示出了细致周到的思考和自我反思意识，其负责人显然比维多利亚时代的人和现代化者都更深刻地意识到家长制的危险。但正是由于这一点，我们才应该因为拉斯布里杰使用的修辞受到认可而格外感到沮丧。很多人并不把这些修辞的夸饰理解为隐喻；他们就是按字面意思来理解的。他们的确认为乌干达农村的非洲人被困在了14世纪。对同在性的否认仍然存在，而且被广泛接受。

为什么这是危险的？因为它使我们无法意识到卡廷农民的生活并不是被困在14世纪，而是在一个由许多殖民主义和后殖民经济和政治动态塑造的21世纪展开的。卡廷属于这个时代，因为它是由英国殖民政策的遗产、伊迪·阿明（Idi Amin）的统治、持续的区域叛乱、欧盟对农民的农业补贴、国际货币基金组织的战略计划等等共同塑造的。如果我们将这些非洲的"他者"视为生活在更早的时代，我们就不必彻底正视他们的生活与我们不同的原因。生活在 21 世纪，并不等同于享有正常运转的医院、互联网和不会被动手脚的投票箱。这些与"现在"（now）相关联的意象，也就是所谓文明的成就，是将部分误认成整体；是拒绝承认"现在"不仅仅等于欧洲人和美国人对现代性的想象。

在上一章中，我为文化概念辩护，反对一些想彻底抛弃它、拒绝承认这个术语构成了人类学分析的框架的人。做过这样的辩护之后，如果我转而完全摒弃另一个词，特别是一个也许与文化有着最密切联系的词，那将是不公平的。"文明"一词已经失控了。如今，人们使用这个词的时候，他们经常用它暗示所有方面上的优越性，如技术、道德和伦理，而且总是或明显或隐晦地流露出社会进化论筹划的影响。这种社会进化论的筹划在早期曾为人类学学科的发展注入过活力，并为欧洲殖民主义提供了支持。但在这一章的结尾处，我们需要考虑：如果我们完全摆脱掉这个词，哪些东西会消失或被遮蔽。

具有讽刺意味的是，我们的美国陆军上校偏偏是在伊拉克援引了住在山羊毛帐篷里的中世纪贝都因人这个形象。任何考古学家都会告诉你，山羊是最早被驯养的动物之一。纵观史前史，山羊都是文明的标志，而不是文明缺席的迹象。此外，正如刚上学的孩子经常听到的那样，伊拉克是"文明诞生之地"。正是在古美索不达米亚，在底格里斯河和幼发拉底河之间肥沃的土壤中，我们所谓的"文明"才开始发迹。我们认为近东地带和古埃及一起构成了人类历史的摇篮，其最显著的标志是是公元前第四个千年里文字的出现和城市的发展。在考古学中，"文明"一词自始至终具有这种更具描述性的功能。它指的是城市化——而不一定是，也不只是代表更好的教养和更崇高的价值观。

伦敦大学学院的考古学家大卫·温格罗（David Wengrow）最近在致力于研究这个术语的复杂历史和可能性。"什么造就了文明？"他问道。[26] 他的关注点集中在古代近东地区，而他的回答包括几个部分。他认为，最重要的是，一个文明不是被它的边界限定的。美索不达米亚和埃及的确是不同的，而且需要被分开看待，但这种区别在一定程度上也被整个区域频繁互动和交流的历史打上了印记。对于温格罗来说，一个文明之所以是它现在所是的样子，和它与其他文明相互交流的质量和深度有很大关系。他的结论基于对不断增加的考古记录的仔细阅读，追溯了公元前三千年时，原材料和货物（从青金石到谷物）的流通和贸易的范围。从西边的特洛伊（Troy）和地中海，到东边的贾盖丘陵（Chagai Hills）和印度河流域，它是一个密集的网络。在阐述这一点时，他特别把矛头对准塞缪尔·亨廷顿的观点——亨廷顿认为文明像是一个个实体的物件，所以才容易彼此相撞，产生"冲突"。

温格罗还希望把文明研究的重点从伟大和宏伟之物转移到平凡和日常。金字塔和（古代亚述和巴比伦人的）金字形神塔这些工程学上的壮举令人印象深刻，书写更是一项突破性的技术。但除此之外，我们更应该关注日常生活中那些平凡的实践，如烹饪、身体装饰、家庭生活的安排。考古学可以越来越准确地告诉我们这些。我在上一章中引用的考古学座右铭还有另一个版本：寻找**被遗忘的微小事物**。

在古代近东，从这种关注重心的转移中得出的最惊人的结论之一是，它如何同时加强和加深对埃及和美索不达米亚两地世界观独特性的认识。自相矛盾的是，尽管这其中的互动程度很高，但"文明大熔炉"这种对世界象征秩序的相对独特的方法论取向，在近 4000 年中占据了主导地位。[27] 在美索不达米亚，象征秩序是围绕着房屋的价值形成的，而在尼罗河流域，它是围绕着身体的价值形成的。我们从这里可以学到的，是认识到"人类社会对他们赖以生存的概念的深深依恋"。[28]

温格罗的结论为人类学指出了下一步的问题。如果这个学科的共识是，迄今为止，从泰勒到亨廷顿的所有人，提出的文明和文化的模型都是错误和不准确的，那么我们该如何接受这样一个事实，即这些我们赖以生存的、错误的概念何以如此清晰而持久呢？即使对考古学家来说，4000 年也是相当长的时间。同样重要的另一个问题是，如果我们在过去 6000年和更长的人类历史中看到的不是社会进化，那是什么？

第二个问题的答案很简单。是**变化**。在某些情况下，我们可能想要将这种变化称为"发展"，甚至可能使用一些突兀的术语，如"复杂化"（complexification）。但是把任何一个这样的变化称为社会进化就是对文化运作方式的错误描述。对于回答第一个问题，我们已经有了一个很好的开端，因为在这一章和上一章中，都出现了一个帮助我们理解它的重要术语：价值观（values）。我们下面就要来讨论它。

第三章

CHAPTER 3

价值观

　　我们所考虑过的关于文化和文明的大部分面向，都可以被进一步细分为对价值观的关注。尤其是在文明的例子中，这体现得极为明显，没有哪个概念能比"文明"蕴含更多的价值判断了。如果你让美国人在空调和自由之间做出选择，他们会选择自由。新罕布什尔州的格言就是："不自由，毋宁死"。甚至连得克萨斯州人也会做出同样的选择——那里可是非常需要空调的。

　　就文化而言，当人类学家写作关于祖尼人、伦敦期货交易员和玻利维亚本土足球运动员的文章时，他们所讨论的，很大一部分都可以归结为对价值观的分析：地主之谊、成功或平等。事实上，人类学家经常用价值观来美化他们研究的那类文化。纵观各种民族志记录，你会发现对"平等主义社会"和"荣誉文化"之本质的热烈讨论和辩论都贯穿其始终。

　　我们倾向于认为价值观是持久、稳定和不证自明的。但人类学教给我们的，关于价值观的知识对上述说法提出了质疑。因为在实证研究中，我们清楚地看到了价值观可以具备多强的创造性和灵活性。这并不是说价值观是容易改变的、相对的、脆弱的，甚至是在不方便的时候被抛弃的。但"自由"对一个美国人，或者对任何人的确切意义，都不应被视为就是想当然的那个意思。

我们可以结合几乎任何一部优秀的民族志研究来探讨这一点。在某个层面上，几乎每一项研究都会告诉我们一些关于价值观的东西——或者更确切地说，是和具体实践中的价值观相关的东西。然而，在大多数情况下，价值观并不是明确的焦点。只有在很少数的情况下，人类学家才使用某种价值观的理论来开展他们的研究。但也有一些明显的例外，我将在本章中用其中两个案例来架构我们的讨论。第一个与地中海各民族和文化的一系列研究有关，其中讨论了"荣誉和耻辱"这一对价值观，至少有一些人类学家认为它们是该地区身份认同的组成部分。第二个更理论性的案例来自法国人类学家路易·杜蒙（Louis Dumont），他认为价值观是一个对人类学有特别重要性的概念，值得在这个学科中占据核心地位。

荣誉和耻辱

关于价值观最重要的讨论之一，出现在研究地中海地区的人类学家作品中。20 世纪 50 年代末，这些人类学家开始更广泛地思考这样一个事实：他们研究的对象——无论是希腊高地村民、阿尔及利亚柏柏尔人（Berbers）还是安达卢西亚的农民——似乎都围绕着荣誉和耻辱这一对价值观来组织他们的生活。在这一时期的一些民族志记述中，男人们和女人们（往往尤其是男人们）似乎完全专注于提升和保护他们的荣誉。有时是个人荣誉，有时是家庭荣誉，有甚至是团体的荣誉。在许多情况下，对荣誉的担忧都是因女性，特别是姐妹或女儿而起的，无论是她们受到的威胁，还是她们的越轨行为。

在希腊、阿尔及利亚、西西里岛、埃及和西班牙工作的许多人类学家也发现，当地社群中的社会生活似乎围绕着一系列相互矛盾的态度和意愿展开：人们热情得令人难以置信，但也深深怀疑外来者；他们提倡独立和平等的伦理，但又生活在强大的社会等级制度里并依靠别人的供养；男人强调他们的虔诚和忠诚，同时又强调自己的男子气概和大男子主义。因此，这些社群的社会动力学和社会关系中有许多共同的因素，这些自相矛盾的关系中，似乎很多都基于有关荣誉和耻辱的问题。

想象出一个刻板印象中的形象并不难，而且和大多数刻板印象一样，这是有问题的：一个典型的西西里男性，也许总是挺着胸膛，极度好客和礼貌，非常骄傲自信，但是一旦遭到轻慢，他的魅力和好风度就会在几秒钟内变为大发雷霆；也许是某个社会地位比他低的人抢着说话，也许是社会地位比他高的人以某种方式贬低了他，或者他姐妹的追求者突然把她晾在一边。权力、地位和性：这些都是反复出现的事关荣誉的主题。

好莱坞利用这种刻板印象赚得盆满钵满。当然这就造成了很多问题。它跟我们在上一章中讨论过的很多内容有关。你知道的，那些南欧人……那些阿拉伯人……他们就是控制不住自己的情绪……不像……**文明人**。

稍后我想再回到其中的一些问题上来，我将特别关注研究该地区的人类学家如何认识和讨论这些问题。到 20 世纪 80 年代后期，不恰当的呈现所带来的政治和道德风险，促使人们渐渐不再围绕"荣誉和耻辱"展开研究。但毫无疑问，这系列的文献可以帮助我们理解价值观的内涵，即按照一定的观念来组织自己的生活和行动究竟意味着什么。此外，这系列文献还为人类学长期面临的两个挑战提供了一个示范实例，这两个挑战是：第一，如何平衡概括性的声言和具体的发现；第二，如何诚实地对待研究对象。

这项工作真正的奠基性时刻是在 1959 年到来的，当时一群人类学家聚集在奥地利的一座城堡里，讨论如何将他们原本看似完全不同的项目结合起来。* 他们都在地中海沿岸国

---

* 这座奥地利城堡归属于纽约的维纳−格林人类学基金会（Wenner-Gren Foundation），该基金会可能是世界上专门用于支持人类学（包括所有四个分支）的最重要的资方机构。很遗憾，他们后来卖掉了城堡，但除了许多其他项目外，他们仍然资助一些主要的工作坊。近年来，这些工作坊上的论文发表在《当代人类学》（*Current Anthropology*）期刊的特刊中。这些特刊文章在网上免费向公众开放。

家开展研究。乍看之下，这似乎是偶然的。毕竟，即使考虑到长期的贸易路线和其他形式的跨海沟通，地中海仍是一个非常多样化的地区。我们谈论的这个区域包含了全部三种亚伯拉罕信仰的中心，也包含了长期存在的游牧社会和农业社会的混合体。在这些社会中，我们发现了一系列不同的亲属关系结构，而且这些人所讲的语言来自至少三个不同的语系（印欧语系、亚非语系和突厥语系）。即便如此，这个工作坊的召集人佩里斯提亚尼（J. G. Peristiany）还是确信有一条线索将它们都联系起来。参会者们注意到，无论你到这一地区的什么地方，对荣誉和耻辱的关注都是人们生活中的首要和核心问题。佩里斯提亚尼认为，这些价值观构成了"地中海式的思维方式"。[1]

1965 年出版的《荣誉和耻辱：地中海社会的价值观》（*Honour and Shame: The Values of Mediterranean Society*）一书是这次奥地利工作坊的成果。书中包含关于西班牙、阿尔及利亚、埃及、希腊和塞浦路斯的独立章节，同时这也是一部整体大于各部分之和的著作。它无疑在地中海地区的人类学研究上留下了不可磨灭的印记。

这本书最有影响力的章节之一来自朱利安·皮特-里弗斯（Julian Pitt-Rivers）。他在牛津大学接受学术训练，因对西班牙非比寻常的兴趣而闻名。他的文章《荣誉和社会地位》（Honour and Social Status）由两个主要部分组成。其中第一部分是一幅引人深思的全景式画面，通过妙趣横生地引用莎士比亚的戏剧和关于熙德（El Cid）的故事等材料，勾勒出"荣誉"这个概念的历史。第二部分是对他的田野研究地点，一个安达卢西亚村庄的情况，进行更有针对性和在地性的分析。对于那些了解内情的人来说，这篇文章的另一个有趣之处在于，皮特－里弗斯本人就来自他所描述的其中一个世界，但不是这些西班牙农民的世界。

朱利安·阿尔弗雷德·莱恩·福克斯·皮特－里弗斯出身贵族家庭。他的曾祖父是一位绅士考古学家（gentleman archaeologist），也在牛津受训，并创建了该校的人类学博物馆。（不幸的是，他的父亲是一个优生学鼓吹者和纳粹同情者，在第二次世界大战中有一段时间被关进了伦敦塔。）皮特－里弗斯的一位亲密伙伴曾经纳闷他为什么还要去学院里担任教职——在整个职业生涯中，他曾在美国、英国和法国任教。对他这个阶级和地位的人来说，一份**工作**肯定只会让他从**真正使命**上分心！

皮特－里弗斯似乎有一种典型的"内部人士的矛盾心理"。他在对荣誉准则的简略思考中，首先从贵族的态度和匪徒的态度中找到了一个相似之处。当然，对两者来说，荣誉都是极为重要的。但这是因为他们都视自己为规则的例外。贵族和匪徒都认为自己不受法律管辖：前者认为自己凌驾于法律之上；后者认为自己在法律的约束之外。对于他们两者，荣誉守则都不符合以国家为基础的正义和权利模式，而这些模式被认为是现代世界的基础。

国家的相对权力往往被视为影响了荣誉文化强大与否的关键因素。国家越强大——换言之，由不带个人色彩的科层制机构和司法模式组织起来的中央政治权威体系越强大，作为一种核心价值观的荣誉就越不重要。因此，地中海国家往往国家权力较弱，这一事实是与此价值观相关的研究的重要组成部分。正如在这些背景下工作的许多人类学家强调的那样，权威首先存在于家庭单位的力量之中。即使与集体身份相关，但权力的展示也是经由个体，在个体之间行使的。这些权力和地位的展示往往以虚张声势的形式进行，偶尔也会是赤裸裸的强权宣示——从偷羊（许多地中海牧民群体中相当普遍的行为）到诉诸暴力来解决分歧或惩戒个人过失。

皮特-里弗斯也想强调荣誉和身体之间的紧密联系。正是这种联系，使得暴力成为一种让那些荣誉受到侮辱的人获得补偿和报复的重要手段。比方说，授予或认可某项荣誉的那类仪式往往聚焦人的头部，从君主的加冕到牛津大学学位的授予（毕业生们被《新约》碰触头部——不过现在他们也可以由一本世俗的替代物来触碰）都是如此。在向他人的尊贵地位表示认可时，传统的做法是摘下帽子或低下头。比如士兵的敬礼行为。对男女两性来说，遮住头部都是一种保持和展现自己尊贵地位和举止的方式。我们现在一般把头巾和穆斯林中的某种女性虔诚联系起来；不过，你可以看看西西里的天主教妇女或希腊东正教妇女的旧照片。她们的头上也会裹着头巾。（男人们也多半会戴着帽子。）另一方面，皮特-里弗斯提醒我们，在欧洲早期现代的大部分历史中，最具侮辱性的处决形式是斩首。"砍掉他们的头！"绝不仅仅是暴君们任性嗜血的表现。

皮特-里弗斯文章中对安达卢西亚的详细讨论为这幅广阔的历史图景增添了一些精彩的细节和特色。他告诉我们，在塞拉加迪斯（Sierra de Cádiz）小镇，"荣誉"被每个人挂在嘴边。在这个小世界里，它起着社会粘合剂的作用；在缺乏强有力和正式的法律制度的情况下，对荣誉地位的在意是社会和经济交易能够顺利进行的原因。但这种结构也有其局限性。在与他人打交道时，尤其是与那些和自己已经建立或希望建立亲密关系的人，如家人、朋友或商业伙伴打交道时，必须体面地行事。然而，当涉及与更抽象的他人和权威机构打交道时，例如和国家做交易时，所有的约束就会荡然无存。皮特-里弗斯说，这些安达卢西亚人在欺骗国家时毫不感到羞耻，因为国家并不会与他们形成荣誉准则所要求的个人关系。

然而，皮特-里弗斯关于荣誉和耻辱的讨论中最重要的方面，与这二者间有时出现的矛盾的动力学有关——一个单独的"价值观"如何能提出自相矛盾的，或者看起来是冲突的要求。皮特－里弗斯在一些零散的言论中捕捉到了这一点，这些言论与他认识的一个名为曼努埃尔（Manuel）的人有关。

我们就直白一点说吧，曼努埃尔身材矮小肥胖，相貌丑陋，而且已婚。皮特－里弗斯说，有一次，在山谷里的一场节日庆典上，一个年轻漂亮的女人从曼努埃尔身边走过，没有看他一眼。曼努埃尔转向皮特－里弗斯说："要不是因为这根手指上的戒指，我决不会放那个女孩像那样从我身边走过。"[2] 皮特－里弗斯解释道，这样一来，曼努埃尔"可以在吃掉蛋糕的同时拥有蛋糕"：他可以自诩一个内心有男子气的男人，充满阳刚的欲望和活力，但同时在行为上又是一位注重保护妻子名誉的顾家男人。他通过说一些近乎可耻的话（用"近乎"这个词是因为他通过保持忠诚得以补救）把自己从另一种耻辱中拯救出来。显然，这是村里所有男人都面临的矛盾要求。他们必须同时是充满性活力的和禁欲的；而荣誉的多重性允许他们这样做。

矮、胖、丑、已婚，而且穷。曼努埃尔所面临的劣势还不止于此，他的出身和地位也很卑微。但他确实有一件事很擅长：耕作。曼努埃尔对农业了如指掌，并且很享受自己作为农业专家的名声——当其他人有需要时，常会向他寻求建议。但曼努埃尔有些得寸进尺，皮特－里弗斯说，曼努埃尔会主动在农业之外的各种问题上提供建议，哪怕对方并没有就这些事咨询他的意见。荣誉文化往往容忍过度的吹嘘；这是宣示和保障自己声誉的一种方式。但即便如此，这也有其适当的限度，而曼努埃尔似乎做得有些过分了。"我没什么钱，"我们得知他喜欢这样说，"但我心里有一种东西比财富更值钱，我的荣誉。"[3] 在这里，荣誉和耻辱之间只有一线之隔。在他所在的社群看来，曼努埃尔似乎已经完全踩过了这条界线。

皮特-里弗斯在这里的观察堪称典范；这是非常优秀的人类学研究。因为他表明，那些最重要的价值观，往往是同时既稳定又灵活的。认识到这一点非常重要，不仅对于理解地中海的荣誉文化，而且对于理解任何文化或社会的价值观都是非常重要的。我们不应该将价值观看作一个个固定不动的点，尽管我们经常假设它们是不变的。价值观更像风向标；它们是被"固定"的，但也经常随风移动或改变方向。这是我们从人类学的价值观研究中得到的最恒久的经验之一。

并非所有参与了早期关于荣誉文化讨论的人都慨然接受用模糊性和流动性来理解那些我们用以组织生活的概念。简·施奈德（Jane Schneider）是一位因西西里岛研究而著名且广受尊敬的专家。对她来说，皮特-里弗斯和其他荣誉和耻辱的先驱研究者们所没有做的，就是探询这一切背后的原因。为什么这些价值观在整个环地中海地区都如此重要？

施耐德给出了一个非常简单的答案：生态环境使然。她认为，荣誉文化往往是在牧民中间发展起来的，但并不是**所**

有牧民中间都存在强势的荣誉文化，而只是在那些随着时间的推移而受到农业文化影响的牧民中，因为他们在获得资源方面面临某种威胁。荣誉文化不仅会存在于这类生存环境被挤压的牧民中间，还存在于那些生活在没有中央集权或中央集权相对弱势的地方和时代的人之间（《荣誉和耻辱》至少涉及了这一点）。

放牧生活是艰苦的。它需要经常性的迁移，这很多时候是不安全的，因为你不知道你的绵羊或山羊是否会被允许进入它们需要在上面吃草的地块。其他人可能试图阻拦它们，甚至为了自身利益而偷盗牲畜。在这种情况下偷窃经常会成为一种美德；在适当的情况下，甚至是一种光荣的追求。"在撒丁岛，要是一个九岁或十岁的牧童还没有偷过一只动物，他就会被称为 chisnieri，意思是一个依偎在篝火边不敢动地方的娘娘腔。"[4]

放牧生活需要高度灵活的社会组织。其基本单位是家户，家户可以根据可获得的资源多寡扩大或缩小。在丰裕的时候，家户的规模可能会增长；在资源紧张的时候，人们会分开，各自去寻求出路——或者各自死去。可以将家户视为社会保障的一种形式；你只有义务和与你同处一个屋檐（或是帐篷，视情况而定）下的人分享财物，与你有其他关系的人只能靠他们自己。

以群体灵活性为标志的游居或放牧生活，很大程度上也要求相当高度的政治和经济自主权。在放牧群落中，成年人（尤其是男子）要么不受拘束，要么必须随时服从他人的权威。因此，放牧生活中核心家庭的作用非常重要，尽管在许多方面，这种对家庭的关注之下隐藏的，其实是高度的个人主义。

　　在世界上的许多地方都可以发现这类游牧生活方式。例如，我们在蒙古草原上也能发现它。施奈德认为，地中海与众不同的地方在于，我们很容易就能在海洋两边干旱多山的地区找到某种类型的农耕社群。基本上，从亲属关系结构和政治组织来看，这些农耕社群的组织方式或多或少类似于游牧社群：高度碎片化、以家庭为中心、容易内斗、关心食物的稳定供应。施奈德的假设是，这类特定的农耕社群之前也是以放牧为生的，如今他们只是将此前那种不稳定的生活方式移植到了更为定居的农田和村庄那里。麻烦的是，这些牧民的生活方式不太适合橄榄园。地中海地区普遍存在的一个特殊问题是在这一带广泛存在的"可分割继承遗产"的习俗（即父辈把遗产分配给所有的继承人）。[*] 在划分农田时，这可能会让事情变得棘手，导致兄弟姐妹之间在田地边界、获得水源的机会等问题上发生争执。（这种继承方式更适合纯粹的牧民社群：十只山羊，五个孩子＝每人两只山羊。）

---

[*]　而不是，比如说采用长子继承制，将遗产都给最年长的儿子。

是的，做一个牧民很难。当你从事农耕，但内心仍是个牧民时，生活也很难。施奈德总结道，社群之间的冲突和摩擦，在贫瘠而陡峭的土地上生存，再结合带有强烈意识形态色彩的、对家庭的承诺，而这种承诺又被一种更强烈的、对自己个人利益的承诺削弱，你得到的就是一个比其他的环境"更复杂且充满冲突的"社会关系的世界。[5]

但他们并不会崩溃。他们不会陷入混乱或不受控的暴力，也不会陷入对羊群和年轻姑娘肆无忌惮的掠夺。家庭实际上有凝聚力；合作的确存在；暴力并不像人们想象的那样普遍；羊和骆驼并不总是会被偷。这是因为这些社会有非常强有力的关于荣誉和耻辱的准则，这些准则缓和了社会内部的矛盾，控制了分裂和解体的风险。

到了最后，我也不确定施奈德的答案是否可以解答引领我们至此的那个**为什么**。这又引出了另一个问题：为什么偏偏是荣誉和耻辱？这一对价值观中是否有些什么元素特别适合或天然属于这类具有分裂倾向的社会群体？

人类学在解释事物的起源及其根源和影响方面有着很差的历史记录。当然，这不是施耐德的错，在前文中我们已经看到了基于寻找某种定律的分析方法的危险和缺点；泰勒、社会进化论者以及其他许多试图在人类社会中寻找定律的人都成果寥寥。但它确实给我们留下了刚才提出的问题。

在这些讨论中，另一个关键人物迈克尔·赫兹菲尔德

（Michael Herzfeld）很好地抓住了这些问题和类似问题的共同答案。在1980年发表的一篇文章中，他提出这个问题的答案部分在于，问题本身就带有误导性。这是因为，如果你了解一下英语中的"荣誉"一词所能涵盖的范围，你会发现它可以包含非常多的内容，且各含义之间的细微差别和区别远远超出你的预料。[6]换句话说，地中海地区并不存在一种单一的"荣誉和耻辱"文化，除非我们把"荣誉"当作一个几乎是空洞的概念。实际上，赫兹菲尔德在皮特-里弗斯的成果上更进了一步。他们的区别是：皮特-里弗斯把荣誉和耻辱的模糊性和流动性视为一种优点，赫兹菲尔德却把它视为缺陷——源于一种过度概括和泛化的恶习。

为了支持他的论点，赫兹菲尔德提供了他在希腊两个非常不同的社群的田野工作案例：罗德岛上的佩夫科（Pefko）和克里特岛西部的格兰迪（Glendi）。在这两个地方，对"timi"*"filotimo"†或"社会价值"的爱都是至关重要的。但在这两个地方，社会价值的体现方式和观念培养的过程看上去截然不同。赫兹菲尔德说，佩夫科人是守法、冷静的公民；而与之形成强烈对比的是，格兰迪人将无法无天视作一种美德：他们偷羊、赌博、随身携带枪支，并公然蔑视当局。在佩夫科，filotimo意味着服从国家的命令，关心整个社群。在一次

---

* 希腊语，意为"荣誉、自豪或价值"。——译者注

† 希腊语，意为"荣誉（感）"。——译者注

旱灾中，市长公开斥责了几个浇灌自家庄稼时取水过多的家庭；他们需要"展现出 filotimo"，而他们竟如此自私，显然没有做到。在佩夫科，filotimo 也与利己主义或"只顾自己"相抵触。这些希腊人循规蹈矩，以社群利益为先；这就是他们对荣辱文化的定义。

另一方面，在格兰迪，利己主义或多或少是 filotimo 的一个先决条件；除非你传达出一种极高的自我评价（具体表现为赌博和偷羊等行为），不然你不可能在社会上获得尊敬。如果格兰迪发生旱灾，你不会指望市长会在广播里以这种"被动攻击"的方式指责市民。你会格外小心谨慎，看紧你自己的水源不被偷走。因此，在格兰迪，荣誉和耻辱的文化看起来与佩夫科的版本截然不同。这就引出了一个问题：为什么我们还要费心去统称这些为"荣誉和耻辱文化"？从表面上看，这个名称似乎并没有传达多少信息。

上世纪 80 年代，地中海研究学界逐渐转向一种更具体的研究进路。他们从试图想象一个有着相似文化特征、由一套固定的价值观所定义的"文化区域"，转向了一种更精细的分析，经常专注于展示价值观表达的多样性，甚至展示某个单一传统或讲单一语言的群体**内部**也具有这种多样性。*20 世

---

*　请记住，1980 年是阐释人类学的鼎盛时期。对语言、文化和意义的关注——有时被表达为"文化的符号学方法"——占据了主导地位，在赫兹菲尔德和阿布－卢格霍德所在的美国无疑如此。格尔茨也常被称为"特殊主义者"，意思是他不喜欢概括，认为人类学必须要在相应语境中研究其文化，否则就一无是处。

纪80年代的研究工作也越来越注意其分析和民族志叙述中的性别偏向性：在早期的研究中，维护和获得荣誉的主体似乎都只能是男人；似乎女人所能做的就只是给自己和家人带来耻辱。然而，1986年，莱拉·阿布－卢格霍德（Lila Abu-Lughod）根据她在埃及贝都因人中田野研究的成果撰写了一部杰出的专著，通过对当地诗歌传统的细致分析，论证了妇女在荣誉文化中的核心地位，其荣誉主要是通过有关"谦逊"的修辞传达的。[7]

探讨"荣誉文化"这一研究进路在20世纪80年代末期销声匿迹。这主要有三个原因。首先——在这里我们要回到那个关于好莱坞的问题上——因为它产生的刻板印象问题重重。它以种种方式暗含了进化论和男性中心主义的逻辑。第二，因为许多人类学家的野心和研究重心发生了更广泛的变化；正如我刚才指出的那样，到了20世纪80年代，对文化进行概括性论述不仅会引起对文化差异的过度夸大，而且一开始这就被认为是一种糟糕的学术取向。

然而，就像所有钟摆一样，人们对荣誉文化的态度也在两极之间来回转变。有迹象表明，人们对荣誉（或 filotimo，或是**自我主义**等）研究的态度正在软化并似乎重新燃起了兴趣。[8]这也见于相关领域的研究，例如2012年出版了一部关于"地主之谊"的重磅人类学作品集。"地主之谊"是地中海研究中的另一个重要价值观，甚至比荣誉和耻辱问题更加受人关注。[9]

但在此书中一篇关于约旦的"家庭政治"（house politics）的论文中，我们发现了一些特别有帮助的论点，论证了我们为什么应该再次开始讨论荣誉和耻辱的问题。

20 世纪 90 年代在约旦做研究期间，安德鲁·施赖奥克（Andrew Shryock）被他所谓的"家庭政治"在定义他接触到的人的道德情感中起到的重要作用所震撼。在哈希姆王国（Hashemite Kingdom），一种强大的家庭政治正在发挥作用，这表现在这里的社会关系和政治关系是以家庭为框架的。关于亲属关系的比喻俯拾即是。所以，国王是个父亲式的人物，诸如此类。而且在一定程度上，反过来说也成立。当然，这种现象并不是约旦独有的，也不是阿拉伯世界独有的，但在这里，它与一系列围绕荣誉和耻辱的特殊关切结合在一起，使它成为一个强大的控制系统。在约旦，"荣誉的观念不断地再造出一种政治文化，在这种文化中，家庭、部落和民族国家都服膺同一种道德推理。"[10]

施赖奥克认为，如果不注意这个特征，就不可能理解约旦的政治。忽视这一点首先就等于无视本土的关切和认同，而这只是缘自研究者一开始就对"荣誉文化"这个观念怀有一种被他称作"智识的羞赧"（intellectual embarrassment）的心态。这又是好莱坞造成的麻烦！但是，当你是一名从事田野工作的人类学家，当你所研究的对象"在几乎所有可以想象的情况下"（施赖奥克是这样形容的）都会应用荣誉、名誉和尊严这些观念时，对智识羞赧的恐惧必须通过坚决地尊重社会事实来克服。

这里的重点不仅仅是人类学家必须考虑本地人看待问题的方式；这一点我们早就讨论过了。施赖奥克提出了另一个重要的观点，那就是，如果我们拒绝从家庭政治自身的视角去理解它，而是坚持使用符合西方学术理念的语言和认知方式来看待它，我们就会削弱自己的分析立场。换句话说，问题不在于家庭政治或荣誉准则本身——即使充分考虑到希腊、约旦或西班牙各自的特殊性。问题是我们一旦脱离了欧美的标准，就无法理解它们的逻辑、影响和相关性。

我在上文中说过，"荣誉文化"观念之所以失败有三个原因，而我只提到了其中两个。第三个原因可能是最重要的：这些材料未能得益于一个系统性的结构。这些人类学家没有总结出一个关于价值观本身的理论。在《荣誉和耻辱》中，没有一篇文章的作者说出了对价值观的研究可以向我们揭示哪些关于文化或社会之本质的东西。对于皮特－里弗斯和他那一代的其他许多人来说，价值观在维持一种文化方面扮演了功能性的角色；他们认为，在地中海地区，荣誉和耻辱本质上是释放逐渐累积的压力的阀门，而这种压力是无法通过其他途径（例如，由一个强大的国家政权）得到释放或控制的。另一方面，对施奈德来说，价值观是反映了那些塑造一个社会群体生活过程的各种生态、经济和政治因素的指标。

但实际上，人们甚至可以问施耐德，她究竟对价值观感不感兴趣。施奈德在她关于荣誉和耻辱的开创性文章中从未使用过"价值观"一词：她把荣誉和耻辱称为"意识形态"、"观念"、"规则"和"准则"，但从来没有将其称为"价值观"。

我们从这些关于地中海的丰富著作中学到了很多关于价值观的知识，但它仍然没有为我们提供一个"价值观理论"。这并不必然是个问题，尤其是因为，经得起时间考验的几乎总是民族志，而不是其理论包装。我们从关于地中海地区荣誉和耻辱的民族志中得到的是一种丰富而细致的理解，即有助于塑造社会生活的价值观（或思想或意识形态），既是稳定的，但又是灵活的。

与所有这些关于荣誉文化的讨论同时发生的，还有一场更为系统的、试图将价值观理论化的尝试。这一尝试是由路易·杜蒙在巴黎牵头主导的。我接下来要讨论的就是这次尝试。

整体论和个人主义

路易·杜蒙因其 1966 年出版的一本关于印度种姓制度的重要著作《阶序人》（*Homo Hierarchicus*）而闻名。在他看来，"种姓制度首先是一个观念和价值观的系统"。[11] 不过，在详细介绍他的研究路径之前，让我先谈谈人类学家所理解的种姓制度（印度教神职人员对此可能会有不同的解释）。

"种姓"一词在西班牙语、葡萄牙语、英语及其他罗曼语和日耳曼语中最初指的是种族、排他的群体、部落或"未经混合的东西"。[12] 在大多数印度语言（印地语、孟加拉语、泰米尔语和泰卢固语）中，用的词是"jati"，它通常被翻译成"种类"或"物种"。有数以千计的种姓，这些种姓并不总是固定不变的。* 但与此同时，人们又普遍认为，你不能从一个种姓变成另一个种姓。

种姓通常与某个传统的职业或技能联系在一起。因此，印度各地都有由木匠、皮革工人、陶工、制砖工等构成的种姓。这些是重要的区别，在某些地方，的确只有皮革工人种姓从事处理皮革的工作。你还会发现地位较低的种姓，包括达利特人（Dalits，这些人有时被贬称为"贱民"），做着不那么有益健康的工作，比如清扫街道和清理下水道。位于种姓等级制度顶端的是婆罗门（Brahmins），他们是神职人员和教师，在许多对维护社会体系的凝聚力和纯洁性来说十分必要的仪式中，他们都扮演着中心角色。婆罗门被认为是整个印度教体系中最有代表性的那个部分。

种姓最明确和具体的体现，是在社群的组织和互动之中。

---

*　一些人类学家（例如 Nicholas Dirks, 2001）甚至认为，英国人在确定种姓类别方面起的作用比印度人几千年来的思想和实践还要多。殖民政府喜欢制定明确的社会和法律身份；这使得管理一个帝国变得容易得多，特别是像印度这样的殖民领土，它的复杂性、多样性和难以理解的程度是英国本土的十倍。

在印度农村的一个村庄或小镇上，某一种姓的所有成员都可能生活在同一个边界相对明确的街区，喝同一口井的水（而且从来不喝其他井里的水），并聚集在相同的一些公共场所。你和谁一起吃饭也是固定不变的；共生性受到非常严格的控制，因为它暗示着特定形式的亲密或联系。

当然，抽象模型总是比现实更工整。在过去的 200 年中，我们可以追溯一些历史、社会和文化因素，这些因素改变了种姓制度的构架，有时还对它提出了挑战。例如，基督教传教士们总会在达利特人中间找到他们的热心受众，因为基督教传达的信息提供了一种新式的、基于个人主义的自我赋权形式。由甘地和安贝德卡尔（B. R. Ambedkar）等著名人物牵头的社会和政治改革帮助塑造了公众的观念和政府立法；现在政府采取了一系列旨在帮助下层种姓的措施，印度宪法中也纳入了类似于平权法案的条款（通过指定"表列种姓"[Scheduled Castes] 和 "表列部落"[Scheduled Tribes]）。西式教育（通常由传教士提供）以及城市化和全球化也影响了基于种姓的社会区别。至少在计算机程序员和飞行员之中，jatis 是无关紧要的。

人类学家已经研究了这些变化中的大部分，而且还挖掘出更多的内容。在 20 世纪 50 年代进行的一项已成为经典的研究中，人类学家谢利尼瓦斯（M. N. Srinivas）追踪了佃农（peasants）如何成为一个印度南部村庄主体种姓的过程，主要是通过教育和在政府中工作；这使得他们能够买下很多当地的土地，在经济地位上胜过了种姓高于他们的人，包括婆罗门。因此，尽管婆罗门在更大的宇宙图景中占据优势地位——例如，只有他们才能举行某些维持社会生活正常运转所必需的仪式——但他们总是得先去征得村里的佃农种姓赞助人的同意，因为这些佃农才是最后拍板的人。[13]

尽管如此，普遍的共识是，无论种姓是什么——是一种古代印度的神学概念；一种由婆罗门精英宣传的意识形态；或是一种由英帝国建构出来的东西——它都是一个后殖民事实。一位专家写道："种姓制度不是一个抽象的、隐藏的社会组织原则；它是印度农村日常生活的一个明显的维度，在一个非常真实的意义上，这是每个人的社会认同和个人认同的一部分。即使到了现在，种姓差异的程度较之前减弱了很多，但它们也没有完全消失的迹象。小镇和城市也是如此，尽管大量的城市社会活动涉及的都是无名的陌生人。"[14]

无论种姓制度是否是日常生活中的明显维度，杜蒙的个人兴趣都在于另一个方面：制度的价值观。他的人类学研究路径并不聚焦于某个印度村庄的婆罗门是否拥有全部土地，或者佃农种姓是否篡夺了他们的土地。杜蒙是个结构主义者。因此，他对待种姓的态度就像一位建筑师面对桌上的草图，而不是一个土地测量员在建筑工地上实地考察细节。

对杜蒙来说，他只对作为一套价值观的种姓制度感兴趣，而价值观首先是一种心理态度、意识形态和观念。[15] 这些价值观是社会性的，他写道："社会存在于每个人的头脑中"。[16] 另外，这些观念还非常持久。作为一种结构，种姓要么存在，要么不存在。对杜蒙来说，种姓制度在短期内不会发生变化。所有你可能记录下来的表面变化——佃农种姓成为地主；婆罗门种姓没有土地；达利特人成了重生基督徒——用他的话说都是"在**社会内部发生的**变化，但不是**社会的变化**"。[17]

这种研究进路为杜蒙招致了许多批评。有些学者认为杜蒙忽视了具体的在地情境，有些政治活动家批评杜蒙，认为他是在为一系列根深蒂固的不平等现象做辩护。许多在印度做研究的人类学家都无法接受杜蒙的分析。有一次我在奥斯陆和一些同事共进晚餐，出于某种原因大家聊到了杜蒙。晚宴主办者因为急于表达他对杜蒙的批评，差点被鹿肉噎住。然而，对于杜蒙来说，这些担忧阻碍了人们看到更广阔的图景。无论这些担忧是多么合理，也无论它们在"政治"上有什么样的意义。但要想看到更广阔的图景，我们就必须要理解种姓制度本身的价值观。

当然，等级制也是这个制度中的价值观之一。纯洁性也是如此。事实上，杜蒙在他的作品中经常强调对纯洁性的关注：一系列严格的规则，比如关于你可以和谁一起进餐，甚至关于你可以和谁打交道，如何管理寺庙或神社等。但是杜蒙对等级制的兴趣是在两个层次上运作的，他对较高的那个层次的兴趣大于对较低层次的兴趣，低层次就是我们常说的日常生活的层次。因为他认为，等级制不应该与社会分层相混淆，他也认为很多种姓制度的西方批评者恰恰犯了这个错误。一个原因是，在结构层面上，每一种价值观体系都是等级森严的，包括我们在法国《人权宣言》或大西洋彼岸的《独立宣言》中所看到的那些。在理论层面上，等级制度只是"整体各要素相对于整体本身的排列原则"。[18] 因此，在杜蒙看来，西方一些种姓制度的善意批评者由于不了解自身的价值体系是如何运作的，而削弱了自己的批评力度。

杜蒙更远大的抱负是要比较西方价值观和非西方价值观，因此把杜蒙在印度的工作放在这一背景下可以有助于理解。杜蒙发表了很多关于这个主题的研究，包括若干本完整的著作，和一些关注个人主义在基督教欧洲的兴起的长文。《阶序人》只是这个更大规模的比较研究项目的一部分。

杜蒙在阐释西方价值观时，始终坚持抨击一些更绝对和夸张的说法，这些说法关于他所认为的西方最高价值——个人主义的重要性和表面上的自给自足。因为，首先，个人主义显然是位于一个等级阶序之内的：在西方"观念的层级"[19] 中，它比所有其他观念都具有更高的价值。杜蒙指出，在西方，自由是个体性的先决条件；这也是西方人认为种姓制度不公正的部分原因。它不允许自由选择或社会流动，因此阻碍了个体性的实现。现在让我们回到西方人中那些可能比任何其他人都（至少在言辞上）更拥护自由的人身上：美国人。

"不自由毋宁死"这句口号大体上概括了杜蒙所讨论的内容。你应该为之而死的是自由，而不是合作或尊重。这体现出一种价值观的等级阶序。然而，杜蒙指出，被勒令自由——成为一个独立个体——会带来两个矛盾的结果。首先，这意味着你**不可以不**自由，而这并不是一个很自由的选择。第二，这意味着我们事实上都是一样的；我们都是个体，常常以相当统一的方式表达我们的个性，而且可能这种表达只能建立在与所有其他同样自由生活的个人的合作和尊重的基础上。

从某种意义上讲，这让我们回到价值观在不同时间、不同地点、以不同的语言表达时会呈现为不同形态这一流动性特征。换言之，我们回到了对地中海文化中的荣誉和耻辱感兴趣的那些人类学家提出的一些重要观点，也就是皮特–里弗斯和赫兹菲尔德试图强调的那些观点。但杜蒙提供的是一种更系统地思考价值关系的框架。他的研究进路的核心理念是，所有社会都存在一些最高价值观，它们"含括"（encompass）了更次要的或更低级的价值观。这就是他所说的价值观的层级，也是他的理论对其他人类学家影响最大的方面。

回到印度和种姓制度，杜蒙说它的最高价值观是整体主义。重要的不是任何一个部分（无论是种姓群体，还是个人），而是整体。整体不是由相互竞争或对立的部分组成，而是由一些相互补充的部分组成，它们表达了一种统一与和谐，必须合在一起才能实现终极的善，即整体主义本身。从其自身的角度来说它是有意义的。作为一个融贯的象征系统，它表达了宇宙的秩序。此外，不仅是印度，而且整个非西方世界的很大一部分都是被这种秩序定义的。

与结构的隐喻相一致的是，杜蒙经常提到价值观体系的层次。在种姓制度的例子中，这意味着社会关系在某些情况下可以颠倒或改变。一个常见的例子就是婆罗门和国王之间的传统关系（印度社会过去由国王统治；虽然现在已经不是这样了，但他们仍然是一个强大的象征符号）。在宇宙学或宗教的层面上，婆罗门是人类更充分和更纯粹的代表；他们是整体的一部分，但在很重要的意义上也是最能代表整体的一部分——至少在宗教层面。然而，就政治权力而言，婆罗门的地位在国王之下，而且必须服从国王。因此，在政治语境下，"地位"（婆罗门拥有）和"权力"（国王拥有）之间出现了脱节。在近代的印度历史上，我们可以说经济权力已经胜过了君主的权力。回到谢利尼瓦斯的那个例子，我们可以看到，他在南印度的那个村子里研究的佃农种姓有经济权力，这是一种会对村里的关系产生影响的势力；婆罗门在重要事务上一定要请示当地的佃农大户。因此，在这种情况下，地位和权力也并不完全一致。然而，根据杜蒙的模式，在上述两种情况下，婆罗门因其精神的纯洁性，均被认为处于优越地位。纯洁性这种价值观，"含括了"政治强力的价值或经济成功的价值。

类似的动态变化也发生在许多西方国家，我们需要记住，个人主义并不总是胜过其他价值观，哪怕是在新罕布什尔州。事实上，这些我一直提到的美国人，这些不自由毋宁死的个体们，他们中的许多人可能会说，好的，当然，自由和个体性很重要，但我的家人也很重要！当然，美国人很重视家庭价值观。但这种"整体论"常常，而且越来越频繁地在个人主义这一最高价值面前败下阵来。我们无论是从典型的（叛逆的青少年）还是悲剧的（对某个父母疏于照料的孩子进行国家层面的干预），以及至今看起来仍然荒谬的（纽约罗切斯特的一个 13 岁男孩，控告他的父母导致他天生红发）[*]一系列例子中都可以看出这一点。

杜蒙的很大一部分兴趣在于西方世界和非西方世界之间的差异。但他也认为，这种差异与现代性和非现代性有关。他认为，西方个人主义的进程是脱胎于欧洲历史的，特别是与其宗教（基督教）和经济（资本主义）潮流有关。曾几何时，即使在美国，红头发的男孩也不能起诉他们的父母。

我们现在没有足够的篇幅用来追踪这段历史的细节。但是如果你是英国作家朱利安·费罗斯（Julian Fellowes）创作

---

[*] 最后一个示例来自"个人自由中心"（Center for Individual Freedom）所支持的网站"等待它！弗吉尼亚"上的一个帖子。详情可见 http://cfif.org/v/index. php / jesterscourtroom / 3068acolorfullawsuit.

的热门电视剧《唐顿庄园》的粉丝，你对这个故事的浓缩版本一定不会感到陌生。不用说，约克郡（剧中故事的发生地）和印度有很大的不同，其社会组织体系不是种姓而是阶级。不过，这种比较仍有助于我们理解（种姓和阶级可能是两种不同的制度，但它们确有一些相似之处）。

《唐顿庄园》追踪了英国贵族在第一次世界大战前后的衰落。变革之风吹拂欧洲大地，并伴随着俄国革命、妇女争取选举权和中产阶级的崛起，这些中产阶级往往比贵族精英更有商业头脑（和金钱）。唐顿庄园是格兰瑟姆伯爵和他家人的宅邸，是一个越来越罕见的存在：一座仍然在正常运转的贵族庄园。但它在许多方面都承受着压力，而且它得以保全的真正原因是格兰瑟姆伯爵大人迎娶了一位美国女继承人。伯爵因在一个加拿大铁路项目上的投资失败，将她的钱也全部赔光；唐顿庄园最后被伯爵的一位远房表亲所拯救，他是一位来自曼彻斯特的中产阶级律师。

所以唐顿庄园只是在苟延残喘而已，在这个过程中，家庭中的各个成员和他们的仆人分别展现和宣扬了不同版本的社会秩序。有些仆人，甚至有些伯爵家庭的成员渴望自由和变革的新世界：个人主义盛行的现代世界。而对另一些人来说，古老的习俗和看法，也就是说整体论，不但让他们得到安慰，而且还代表一种平和的正义。总的来说，贵族庄园的怀旧形象通常会占得上风，在其中每个人都有自己适当的位置和本分并明白这一点，但这一切都没有问题，一切都在良好地运行着：仆人们像家庭的一员，同样受到尊重和照顾。他们在自己的餐桌上也能尝到奶酪和葡萄酒，并被许诺退休后能得到一间自己的村舍居住。他们甚至可以在需要的时候获得伯爵家在伦敦的家庭律师的帮助。最重要的是，贵族们**会关心**，他们意识到自己对整个社会生态系统的责任，这个系统不仅包括那些"家佣"（厨师、女佣和男仆）和佃农租户，甚至住在附近的村民也被确实地包括在内。格兰瑟姆伯爵常常以一种近乎整体论者的语调说，他的唯一职责就是照顾唐顿；他是这座宅邸的管家，而不是那种怀揣强烈个人主义占有欲的主人。

《唐顿庄园》这部剧集围绕价值观——责任、荣誉、自由和忠诚——在一个不断变化的世界里的起起落落展开。而所有的这些都源自整体主义和个人主义争夺最高价值观地位的竞争。渐渐的，在六季剧集故事的展开过程中，贵族制度的整体主义被现代民族国家的个人主义所取代。但并不是没有人为逝去的东西落泪。

《唐顿庄园》可能是一个比杜蒙描绘的印度更富表现力的例子，它可以帮助我们了解价值观如何在现实生活中发挥作用。它确实比《阶序人》更好地展示了人们的价值观是如何影响生活这部戏剧的。然而，有一些人类学研究很好地利用了杜蒙的理论思想，而且也没有牺牲生活的细节和戏剧性。

其中之一涉及巴布亚新几内亚高地的一个小群体，该群体在
20 世纪 70 年代后期经历了戏剧性的变化。

一个道德煎熬的案例

乌拉敏人（Urapmin）是一个大约 390 人的族群，居住在
巴布亚新几内亚的西部地区。由于被绵延的高山和茂密的森
林阻隔，巴布亚新几内亚的大部分地区即使在今天也是遥不
可及的地方。纵观整个殖民时期，我们会发现许多美拉尼西
亚人族群很少与外界直接接触——明显比南亚、非洲和南美
大部分地区（亚马孙河流域是个例外）的族群要少得多。

这导致了，即使到了 20 世纪 70 年代，乌拉敏人也从未
受到过大规模传教活动的影响。但尽管如此，仍有少数乌拉
敏人男子在一所地区性的教会学校接受了教育，回去之后，
他们的布道在社群中引发了大规模的皈依。几乎每个人都成
为基督徒。

20 世纪 90 年代初，当乔尔·罗宾斯（Joel Robbins）开始
研究乌拉敏人时，他并没预料到会发现这种重生的热情[20]。他
原本打算研究当地仪式神秘性的传统，这是关于美拉尼西亚
的研究文献中的一个主要话题。但他发现的却是一大群虔诚
的基督徒，许多传统仪式都被他们抛弃了。这是一种极具神
恩特色的基督教形式，罪恶和救赎在其中是非常重要的概念，

正是这一点导致了乌拉敏人放弃了他们的传统仪式体系以及与之相关的禁忌。他们认为，要成为虔诚的基督徒，就需要推翻他们的异教实践；用他们的话说，他们需要遵循他们理解的基督教戒律，做合教法的人。

这种对基督教的合法性和救赎的强调要求一种新的人格模式。因为救赎（至少在这种保守的福音派传统中）必须是个人的，它必须在某人的心中被真诚地接受。正如一个乌拉敏人所说："我妻子不能将她内心的信仰掰下来分我一块。"[21]个人主义成了一个最高价值观。这在许多生活领域都奏效了，当地教会也蓬勃发展。但正如罗宾斯同样观察到的，这与前基督教时期他们对社会性的理解相悖，在他们之前的理解中，成为"个人"是无法理解的事。

正如几位杰出的研究美拉尼西亚的人类学家所讨论过的那样，传统上，美拉尼西亚人的最高价值观既不是个人主义，也不是整体主义，而是"关系主义"。这意味着美拉尼西亚人最看重的是与他人建立关系。对他们来说，良好生活的关键是围绕在他们周围的关系，而不是像新罕布什尔州人认为的那样，是成为一个独立个体，或者像喀拉拉（Kerala）人认为的那样，是成为某个宇宙整体的一部分。

和任何价值观一样，关系主义也有它的挑战。一个人建立的关系越多，就越容易危及现有的关系。任何关系要想有意义，都需要经营和精力。但是，要想不让旧相识感到被忽视，你就没有那么多机会去经营和交流，与新的人建立关系。但对于乌拉敏人来说，这些挑战被理解为"任性"（wilful）行为（渴望建立新关系）和"规矩"（lawful）行为（承认现有关系需要定期经营和照顾）之间的张力。因此，任性和规矩是居于关系主义这一最高价值观之下的价值观。

基督教给任性留下的空间很小，而且要求新形态的"规矩"。乡村事务中的任性行为往往会导致紧张、愤怒和嫉妒，所有这些都被理解为是不符合基督教教义的。因此，在旧制度里，人们曾经接受的某些生活事实（至少在适当的程度上接受）变成了绝对的罪恶，这导致了一种痛苦的煎熬。

乌拉敏人的情况被进一步复杂化了，因为虽然在一些生活领域，传统价值可以让位于基督教价值观，但在亲属关系和婚姻，以及粮食生产和村庄间的关系方面，要做到这一点并不容易。因此，在这些关键领域，关系主义仍然占据主导地位，乌拉敏人不得不接受罗宾斯所说的"双轨"（two-sided）文化。

罗宾斯关于价值观的研究获得了广泛的认同。乌拉敏人这个个案不仅是在理论价值方面，而且在基督教、文化变迁和道德这些更具体的主题方面，已经成为其他许多人类学家讨论和争论的焦点之一。在罗宾斯提供的一些更详细的民族志描述中，乌拉敏人的个案可以帮助我们理解，实际上几乎可以令我们感受到，"价值观间的竞争"对我们之所以为人有多么重要。世界上并不是每个地方都像乌拉敏人社群那样虔诚或像他们那样充满冲突；在一个 390 人的高地社群中，这种冲突比在更大和更多样化的社会里更容易被激发，也更容易持续和显露。我们也不总是能够讨论类似双轨文化这样的东西。但是在巴布亚新几内亚这个遥远角落发生的事情绝非不寻常的或独特的。

价值观强调了人作为一种创造意义的动物的重要性。无论是在我们组织生活的方式上，还是在我们衡量生活质量的方式上，价值观都扮演着中心角色。价值观起到了功能性的作用；虽然它们从来都不是完全被决定或可预测的，但某些价值观比其他价值观更适合某些形式的社会组织。像唐顿庄园这样的事物，在个人主义精神占主导的地方永远无法存续。这就是为什么它消亡了，这也是为什么它会成为优秀的电视剧题材。当我们了解人们的价值观时，我们也在更全面地了解他们生活的结构和背景：他们的政治制度、宗教感情、家庭和社会关系、经济网络等等。

然而，价值观不能被简化为仅仅等于其社会效用或"功能"。正如乌拉敏人的个案所表明的，有时人们坚持某些价值观，即使这会令他们遭受道德煎熬。衡量意义的标准不止一个，而且一种平稳顺遂的生活也许并不是最重要的。事实上，人们选择的生活方式往往不符合任何合理定义上"阻力最小的道路"。这一点我们可以转向下一个话题来探讨。

第四章

CHAPTER 4

价值

1983 年，莱索托（Lesotho）的马沙伊（Mashai）村里 40% 的牛死亡。这个地区当年遭受了严重干旱，牛群填不饱肚子。当地政府已经尽最大努力去提醒人们注意这一风险。由于畜牧业长期以来一直是巴索托人（Basotho）生计的核心，所以当地人并非对此风险一无所知。一位当地官员呼吁村民们尽早把牛卖了，至少可以减少一些损失。但在干旱最严重的 6 月和 7 月，莱索托许多地区的牛的出售量实际上有所下降。人们拒绝止损。正如某人告诉人类学家詹姆斯·弗格森（James Ferguson）的那样，这是因为牛"是最重要的东西"[1]。

这场旱灾期间，弗格森正在马沙伊村进行田野调查。他逐渐明白了这个人的意思，并给它起了一个名字："牛的神秘性"（the Bovine Mystique）。这种神秘性并不意味着被无条件接受的神圣性和不可亵渎性。牛的确是特殊的，没错，但神秘性既与牛本身有关，还与牛是如何影响社会和家庭关系有关。牛之所以有价值，尤其是对男人们来说，有很多的原因。首先，由于某个年龄段的男性村民大多前往南非的矿山做移民劳工，因此在家里拥有牲畜能够提醒别人他们的权威。第二，牛是建立和维持一系列社会关系的关键。也许众多原因中，这一点是最重要的。因为巴索托有"彩礼"习俗，即男方家庭将牛送给女方家庭，作为婚姻约定的一部分。总体上说，牛的拥有者可以将他的牲畜借给社区里的其他人，人们也确实期待他们这样做。这种资助救济系统在非洲的许多地方都很常见。第三，当一个人从矿山工作回来后，社会嵌入系统就变得更加重要；对他来说，牛是一种养老基金，其重要性超过了他可能拥有的任何其他社会保障。最后一个原因是，亲属关系和家庭的规则决定了，虽然牛是家庭总财富的一部分，但男性对其使用和处置拥有最终发言权。弗格森告诉我们的是，如果一个男人带着钱回家，他家庭中的很多人——包括但不限于他的妻子——都可以分享这笔钱。如果他把钱换成牛，情况就不一样了。

　　弗格森在他的分析中提出了好几个观点。其中一个重要的结论是，这种神秘性显然具有性别属性，它首先符合男性的利益。更普遍地说，弗格森希望消除人们认为非洲农民不理性和不会理财的偏见。问题不在于村民们需要学习有关发展的基础知识，不下雨时会发生什么，或是市场供求规律。他们的做法背后是有自己的逻辑的。弗格森还想表明，这种"神秘性"不是什么古老、传统、神圣和不容置疑的习俗。很明显，它是巴索托人参与的更广阔世界的一部分——围绕全球贸易商品组织起来的雇佣，以劳动经济为主的"现代"世界。

牛的神秘性也让我们认识到，**价值**和上一章所讨论的**价值观**之间存在紧密的关联，在这里我们从更侧重经济学的角度来思考这一问题。因为莱索托问题的核心是一个一直让人类学家很感兴趣的议题：交换。所以为了理解人类学中关于价值的讨论，从交换问题开始将会很有帮助。

对那些更熟悉摇滚乐而非牲畜的人来说，强调牛的神秘性只是重复了披头士乐队曾在他们的歌中捕捉到的那种情感——《爱是非卖品》(Can't Buy Me Love)。有些东西——那些最重要的东西——不能被降格为商品的买卖。爱情不同于一罐豆子；在世界上的许多地方，牛也是一样。这是"价值观"(爱、信任、声望和安全)最能影响"价值"的地方。

披头士乐队歌曲所传达的真意，或者说巴索托人所拒绝出售的东西，由于当代世界中相反的潮流趋势而得到进一步加强。对这个趋势最简单的描述是，世间万物皆有价；而最愤世嫉俗的描述则是，一切事物的商品化是不可避免的。或许我们还没有把爱情货币化，但我们对待教育的态度肯定已经在往这条路上走了。在西方的大学里，越来越多的学生被人以一种道德上十分严肃的口吻称为"顾客"(一部分原因可能是，他们交了高额的学费)。这样的用词，常见于大学行政人员发放的文件材料中，教授们每次看见都心头火起。在教室里学习莎士比亚跟从当地经销商那里买一辆车是完全不一样的活动——在任何方面都不一样，无论是特征还是形式！

"特殊的东西"所涵盖的范围——无论是牛，还是爱情，还是一篇关于《哈姆雷特》的学生论文，抑或是你的祖母在1923年买的银胸针——长久以来一直让人类学家为之着迷。特殊的东西使我们能够检验那些主导着重要社会行为的规则，比如交换背后的规则，从而探讨社会关系的架构。就莱索托的牛这个案例而言，用牲畜交换金钱，恰恰会破坏这里社会关系的结构。弗格森认为，即使牛所提供的社会财富（通过把牛借给别人，或通过缔结婚姻关系建立家庭间的联盟）因干旱而大为减色，但是这种社会财富仍然远比出售它们可能带来的经济财富更有价值。

牛的神秘性属于一种用以检验这些社会规则的案例。在这些案例里，人们没有做外部观察者通常认为他们需要做的事情。你为什么不在干旱的时候卖掉牛来减少损失呢？这似乎很不理性。然而，在人类学史上，激发了人们的兴趣和争论的，往往是位于这个光谱另一端的案例：当人们做一些外部观察者认为他们真的**不应该**做的事情——或者至少看起来没有"真正的目的"、没有"实用价值"或者看起来"浪费"的事情。

毫无疑问，全世界的人们都会做出各种各样看上去违背经济学常识逻辑的事情。这种经济学常识让莱索托政府1983年向马沙伊村民提出了卖牛的建议。"沿阻力最小的路径前进"可能是物理学领域里的一般法则，但在文化领域往往行不通。这类看似反直觉的做法还有"夸富宴"（potlatch），它盛行于太平洋西北沿岸的许多美洲原住民文化中，在其中，一个家系群体会赠送或烧掉自己的全部财产，以及（回到爱情这个主题）一场现代英国婚礼的平均开销。根据2013年的研究，每场婚礼平均要花掉30,111英镑[2]，而同时期的国民工资中位数仅为27,000英镑。[3]

库拉圈

关于这种看似无意义的铺张靡费行为，最著名的例子之一就是马林诺夫斯基在特罗布里恩德群岛的研究所关注的主题。它是关于巴布亚新几内亚东端数百英里外的岛屿上红色贝壳项链和白色贝壳臂镯的交换的，这种交换系统在文献中被称作"库拉圈"（the Kwla Ring）。

马林诺夫斯基将库拉圈称为一种"贸易体系"，但"其主要目的是交换没有实际用途的物品"。[4]项链（soulava）和臂镯（mwali）绕着库拉圈以相反的方向循环，前者顺时针流动，而后者逆时针流动。马林诺夫斯基指出，这些东西不仅没有"实际用途"，即使作为装饰也很难看，因此它们从来不会在日常生活中被佩戴；事实上，许多臂镯太小，甚至连小孩都戴不上。因此，从表面上看，它们似乎真的毫无用处。但对于参与到库拉圈中的居民，如特罗布里恩德人、多布人、锡纳卡塔人（Sinaketans）和其他人来说，他们极度看重这些物件，以至于为了交换它们，不惜踏上漫长而危险的海上航行。即使是第一眼看到这种行为，人们都会感到好奇，因为最受喜爱的项链和臂镯都有独特的历史以及与其他事物的纠葛，甚至还有自己的名字，因此它们每一件都是"重要情感联系的永恒载体"。[5] 但是你为什么要把如此珍贵的东西送给别人呢？（人们持有这些珠宝的时间通常不会超过一两年。）

库拉交换比这还要更复杂。项链和臂镯的相互交换在实际操作中充满仪式感，而且有一系列严肃正式的规矩，其中包括双方绝不同时交换的原则——从某种意义上说，它们根本不是在被交换，而是**被赠与**。赠与的要素还体现在这样一个事实上，即接受者（他此前已经给出了另一件物品）不会公开质疑他得到的回礼是否等值。而且交易者总是"他"；只有男性参加库拉交换。

不难理解，有些事物的"情感价值"和它其他方面的价值并不匹配。因此，我们可以很容易地声称有些事物极具情感价值，但却缺少"使用价值"或"交换价值"。例如，一张破损的祖母的照片，照片里她戴着她那枚银胸针。这照片不值一文，但你可能会认为它是无价之宝。它有"意义"。然而，库拉圈运作程序之精细的确凸显了整个价值问题，因为这里显然有很多事情与社会的普遍动力学更为相关。

关于库拉向我们透露了社会关系之本质的哪些信息，马林诺夫斯基似乎得出了矛盾的结论。一方面，他明确地提出库拉交换是"为了交换行为本身，为了满足占有某物的深层愿望"。[6]另一方面，他又以一种相当神秘主义的口吻说："拥有就是给予。"[7]同样，他最初强调库拉宝物缺乏实际用途，但他的结论是，交换的循环在不同岛屿和不同社群的人之间建立了重要的社会纽带；项链和臂镯也为他们的主人赢得了声望。好吧，库拉臂镯不在独木舟或斧头那个意义上"实用"，但社会关系和社会声望往往也是相当有用的东西。

马林诺夫斯基在库拉这一案例中对价值的讨论引发了一系列关于社会关系本质的争论，这些争论至今仍能引起人类学家的关注。问题的核心是：人类**为什么**要进行交换？交换行为是否真的只可能是"为了个人利益"，或者总是出于对某种回报的期望？另一种说法是：人类是否可能做到真正的利他主义，还是他们所做的一切都是出于某种私利的动机？

礼物和免费的礼物

这一问题在当今世界有着特殊的重要意义。在当今世界，"市场"是至高无上的。这就是为什么披头士和其他音乐人的爱情歌曲如此普遍和流行的原因。但可能最精准地概括了时代精神的，是经济学家米尔顿·弗里德曼（Milton Friedman），而非披头士四人组。他说："这个世界上没有免费的午餐。"

弗里德曼的自由市场原则的基础是对个人利益的强烈认同，它合于社会大众对交换的一般性看法。对弗里德曼来说，没有免费的午餐这件事一点问题都没有。是个人利益让这个世界得以正常运转，这没有什么可羞耻的。是的，我会给你一些三明治，甚至是一份龙虾沙拉。但你得帮我清理花园，或者搬家，或者给我儿子一些建议，帮助他在广告业（比如在某个你担任合伙人的公司）找到工作。但这为什么是件坏事？难道我们不能诚实地认识到这是社会生活的基石吗？对于弗里德曼这样的自由市场主义者来说，利己与利他之间的冲突已经被解决了，因为它们本质上是一回事。

在西方经济思想的传统中，对个人利益的强调一直占据主导地位。它是早期现代社会契约理论的基础，并且经常被进一步阐述为一种人性理论。这种理论认为，我们永远渴望更多的东西（性、金钱、权力、口袋妖怪卡片等），这种欲望是无止境的。我在导言中提到过的，马歇尔·萨林斯对"原初丰裕社会"的讨论正是针对这个观念而发的。他通过对澳大利亚和非洲小规模狩猎采集社会的分析表明，马林诺夫斯基关于特罗布里恩德群岛人"对占有的深层愿望"的表述必须被理解成一种文化性质的阐释。正如萨林斯在其他地方所说，这种思路是"使个人的需求和个人的贪婪成为社会性之基础的无休止尝试"[8]的一部分，但问题是：这种阐释属于谁的文化？它是马林诺夫斯基个人的，还是也能被特罗布里恩德群岛人分享的？

在马林诺夫斯基对库拉圈的重磅研究发表三年后，法国人类学家马塞尔·莫斯发表了一篇长篇论文《礼物》(*The Gift*)，它正是针对上述问题的讨论。通过对包括马林诺夫斯基著作在内的一系列民族志研究的分析，莫斯得出结论，这类问题的表述形式本身，即将个人利益和利他主义对立起来，是错误的。问题不在于人们在交换过程和社会关系的建立中是怎么"计算"（或拒绝计算）的。了解和分析这一事实的一个最佳方法是转向研究莫斯称之为"礼物经济"(gift economies)的系统。这种初看上去显得奇异而不切实际的系统，在所有美拉尼西亚、波利尼西亚和西北太平洋的美洲原住民文化中都很常见。

许多人类学家认为《礼物》是研究"互惠和交换"这一领域最重要的成果，没有之一。已经诞生了数十本著作和论文专门讨论莫斯的论述——部分原因是，正如最欣赏他的读者也承认的那样，他文中有很多地方写得比较晦涩难解。此外，还有许多笔墨花在了讨论一些土著术语的含义上。这些术语对他的分析至关重要，特别是毛利人语言中的"hau"这个概念。"hau"常常被翻译成"礼物的灵力"，并渐渐发展出了自己的生命（我们在下文中也会回到这一点上）。

《礼物》一文的中心论点是，无论在任何时候，任何地方，礼物都不是免费的。我们期待着回报——事实上，回报是强制性的。乍一听，这似乎是对的。在我们自己的生活中，我们都知道有一种不成文的、常常不会宣之于口的，对回报的期待。读者们，你们中有多少人曾遭遇过这样的尴尬——你见到了一个很少见面的表妹（因为她住在夏威夷，你住在比利时）。你没有给她或她的孩子们带礼物，但她却为你准备了一份。你感到尴尬的原因可能是以下几种情况的排列组合：（a）它表明（或者你担心它表明）你真的不关心她或她的孩子；（b）它表明（或者你担心它表明）你也不关心你的舅舅（母亲的弟弟），由此推及你也不关心你的母亲；或者（c）对方会觉得你没钱买礼物，并会因此有些看不起你。（这里也存在一种反向的尴尬——当你的礼物太贵重或太私人时也会造成尴尬；例如，在职场上，你送出的礼物最好不要比老板的礼物贵。）*

---

* 社会等级制度在互惠关系的形塑中起到了重要作用。例如，当我和我的博士生们见面讨论他们的研究工作时，我经常给他们买咖啡，有时甚至买蛋糕。不过，我从来不期待他们给我买咖啡，因为我有薪水，而且我是他们的导师（这并不是说我是一个特别看重等级秩序的导师或其他什么，但事情就该这么办才对。）话说回来，我的导师很久以前也曾给我买咖啡，所以这仍然构成了一种持续的互惠关系。大卫·格雷伯（David Graeber）的一些研究工作我将在本章后面讨论，他将这称为一种相对"开放"的互惠形式，这意味着礼物不会在某个固定的时间框架内得到回报，甚至有时根本不必回报，或者不会回报给原来送出礼物的那个人。更确切地说，回报可以是给到社区中的其他人——在这个例子中，我们回报给了不断扩大的人类学家共同体。

同时，如果我们是那个给予却没有收到回报的人，我们马上会说："哦，别费那个心了！别傻了，这只是一点小小心意，不足挂齿"。因为我们要试图缓解表姐的尴尬。我们完全可以是真诚的，我们至少会坚持表现得像是我们**有可能**是真诚的：我们可以只给予，既不期待也不渴望得到回报。

需要澄清的是，莫斯并不是只想谈论这个意义上的"礼物"，他所想到的也不只是圣诞节、光明节、生日或婚礼上收到的那些礼物。这些最常见的礼物只是整体图景的一部分：表示私人关系的赠与。同一个论点也被适用于库拉圈，莫斯觉得马林诺夫斯基把它当作一种特殊的礼物交换，因为这就是它从西方视角看上去的样子。在西方，礼物和商品之间有很明确的区别（这时候就不坚持"从本地人的视角看问题"原则了）。

然而，对于莫斯来说，"没有礼物是免费的"这一看似不浪漫和冷酷的结论，更多地与现代西方坚持试图将某些类型的交流或关系与其他类型的隔离开来有关。再重复一遍，爱情是非卖品。莫斯对此的回答很可能是：爱情当然是非卖品。那些番薯也是非卖品。如果我们看一下从特罗布里恩德岛民、毛利人或夸扣特尔人（Kwakiutl）那里获得的证据，我们会发现一个完全不同的思考起始点。两种交换（爱情和番薯，如果我们拿特罗布里恩德岛民来举例的话）中都同时具有私人和客观，自由和约束，与个人的关切紧密相连的和只是例行公事的成分。莫斯想要从礼物类别中挽救的是一种经济和社会模式，这种模式基于对联结性纽带的承认。他认为，交换的核心应该始终关于团结，关于人与人之间的联系。

"始终是"这个表述是我说的，但它传达了莫斯写作的核心意图。莫斯比大多数人类学家都更致力于强调他的工作中暗含的道德结论。莫斯是一个社会主义者，一直以来他的榜样都激励着人类学领域其他有着强烈政治信念的研究者——不仅是其他社会主义者，还有无政府主义者、虔诚的天主教徒，甚至还有一两位积习难改的赌徒。

最能为莫斯关于团结和联系的观点提供支持的是，他对毛利语"hau"的分析。如上所述，"hau"的意思近似于"礼物的灵力"或"事物的灵力"。这个概念对于莫斯来说很重要，因为它捕捉到了毛利人是多么深刻地理解了"任何被赠与的物品，都必然包含赠与者的一部分在里面"这件事。"因此，把礼物送给某人就等于把自己的一部分送给了对方。"[9]莫斯说，这就是为什么我们感到有义务回报；他用一种对我们来说似乎很奇怪的方式回答了这一问题，他说这份礼物渴望被归还给它的赠与者，它的主人。莫斯认为，我们在库拉圈中看到了类似的逻辑在起作用。库拉宝物与它们的主人有着千丝万缕的联系，而且被认为是有自己的身世和历史的；正是这些身世和历史强化了它们的情感价值。

但是，如果你停下来想一想，这与西方文化中人与物件相联系的历史并无区别。我们生活中那些特别的东西——无论是牛、祖母的银胸针，还是我们亲手编织的围巾——都带有或包含着一些属于我们个人的东西。我们拒绝出售它们的很大一部分原因正源于此。我们拒绝像对待从商店里买来的面包一样对待它们。当然，面包的制作者，特别如果她是个小批量生产手工面包的手艺人的话，很可能也会觉得面包里有她自己的一部分。不过，在这种情况下，我们要为面包支付一部分溢价，因为我们本质上是在购买某个人的技能。事实上，这就是高端品牌和高定产品的意义所在。理论上，这与莫斯所说的毛利人中的"hau"也没有多大的不同。*

尽管莫斯没有用马克思主义的术语来描述它，但他论述的基本原则与卡尔·马克思在他关于劳动异化的著作中所描绘的图景相关。马克思在他对工业革命的评述中指出，工厂的工人实质上放弃了他们与所生产产品的个人联系。工厂的老板说："这个东西是你为我做的。我拥有它，我要卖掉它。作为回报，我给你六便士。"而这就是异化的基本概念，其观念前提是，当我们的劳动成果被货币化时，我们就失去了某种关于"我是谁"的、宝贵的东西。

事实上，在《礼物》中莫斯通过追溯人与物之间分离的

---

* 人类学家威廉·马扎雷拉（William Mazzarella，2003）在对孟买一家广告公司的研究中提出了品牌"灵力"的观点。他就如何利用"hau"来阐明现代品牌的魅力展开了一场富有启发性的长篇讨论。优秀的品牌模糊了主客体的界限。你是阿玛尼人还是巴宝莉人？

经过，对现代资本主义制度的"冷酷"和"残忍"运作方式以及支撑这一制度的法律体系进行了公开批评。他从不回避给出道德结论。而且他也不认为事情到了无可挽回的地步。"幸运的是，并不是所有的事物都完全按照买卖来分类。事物在贪欲（venal）价值之外仍然具有情感价值"。[10]"贪欲"是一个很重的词。虽然它的直接含义是腐化、道德败坏，但它也具有"可购买"或"可销售的"这类意思。于是金钱便进入了关于价值的讨论。

钱、钱、钱

人类学长期以来一直对金钱感兴趣。凯瑟琳·扎罗姆对期货交易员的研究只是其中的冰山一角。如果我们回顾这门学科的发展史，以及在它于19世纪中叶问世之后世界事务的整体进程的话，这种兴趣就非常容易理解了。在那个时代，商业以前所未有的速度传播，往往首先沿着殖民扩张的进程和路线。在许多地方，这意味着在尚未出现货币体系的地方引入它。在另一些地方，这意味着改变了当地基于贝壳、珠子或其他通货的贸易制度。

以莱索托为例。詹姆斯·弗格森在上世纪80年代认识的巴索托人的曾曾曾曾祖父母辈生活的世界里没有金钱，没有南非矿山的工作机会，也没有售卖肥皂、沙丁鱼罐头和可口可乐的本地小店。就业机会和沙丁鱼是"现代世界市场"的一部分。是金钱让这个市场成为可能。作为文化变革的重要催化剂，金钱自然成为人类学关注的焦点。

对金钱最常见的人类学观察之一，是它可以如何从根本上改变社会关系。再一次，我们从弗格森的例子中得到启发，因为牛的神秘性与劳工移民的实践紧密相关，还与夫妻如何协商家庭现金的使用有着密切的联系。在许多情况下，这都是因为货币——以现金的形式出现——是一种不带个人色彩的交换和交易媒介。我们可以说，它缺乏灵力，没有"hau"。

货币显然非常有用。它使得无数种交易变得快速和高效。当你买那块面包时，你并不想参加一个冗长的仪式，也不需要为了它而付出你自己的一部分（我们已经讨论过手工烘焙师们所付出的东西，但那是更大的价值等式的一部分）。此外，你可以用同一张 5 英镑的钞票来买面包、果冻豆、阿司匹林、13 安培的保险丝、草籽或公共汽车票（当然购票最好使用零钱！）。虽然你很乐意使用这 5 英镑的钞票，但你一点都不想知道，在它来到你手上之前那 47 个曾经拥有过它的人都拿它做了些什么。* 钞票上不会留下有关这 47 个人的任何

---

* 在我的青少年时期，流传的一个都市传说是，流通中的 20 美元纸币中有 50 %（或者很大一部分，我真的记不起来了，但这不重要）曾被瘾君子用来辅助从鼻子吸食可卡因。糟糕，糟糕。现在至少有一位著名的经济学家（Rogoff ，2016）希望完全废除现金，因为大部分现金都是由不受欢迎的人持有的。2016 年，印度政府为此做出了一些努力，它在一夜之间宣布面额最大的卢比纸币无效。这导致了巨大的混乱，因为人们争先恐后地在规定时间内挤兑货币。

东西。这也正是为什么有人购买一些非法的东西，或在"桌子底下"交易时，都使用现金。它的这种非个人且匿名的特点非常有用。一个人不应该用信用卡购买可卡因。如果一个人想欺骗税务机关，也不应该留下银行对账单或收据等书面记录。

在交换和社会关系的构建中，货币的其他特征也很重要。首先，它的面值是被确切指定的。英格兰银行绝不会在它发行的纸币上写："这多少值些钱。"另外这些面值是普遍适用的；它们可以用来标记事物的货币价值，如一个扳手（2.50英镑）和一辆梅赛德斯－奔驰汽车（43,000英镑）。这种定价的能力使得一切事物的价值都可以互相通约了，至少在理论上是这样。所以如果你拥有17200个扳手，就相当于拥有了一辆梅赛德斯－奔驰汽车。你可以看出为什么只说它们**理论上**是一样的；但这种"理论上"的可通约性正说明了为何货币在帮助构建价值体系上至关重要。

从表面上看，金钱的这些特征——它的非个人性和普世性——至少在关系到某种特定文化的生存方面，似乎注定要酿成灾难。事实上，许多关于金钱的困难挣扎恰恰属于这种类型——我们可以称之为巴索托类型——在这种类型中，这种特殊的交换媒介和价值单位带来了通过把一切都纳入金钱体系从而抹去原有生活方式的特殊之处的危险。

虽然大多数关于货币的人类学研究都是在特定的背景下

进行的，但也有一些关于货币的象征价值和文化联想的重要
著作。基思·哈特（Keith Hart）就是其中若干篇的作者。例
如，他在某篇经典文章中将普通硬币本身作为一个典型案例来
分析。[11] 他说，如果你看看口袋里的硬币，你就会发现它有正
面（head）和反面（tail）。我们都知道这一点。正面通常是某
人的头像——在英国和英联邦的大部分地区，它是君主的头
像；在美国，它是一位总统的头像（或者，在一美元硬币上是
苏珊·安东尼 [Susan B. Anthony] 或萨卡加维亚 [Sacagawea]）。
这是其价值的象征，也标识其权威的来源：它是发行它的国
家的标志，因而也是其最初"流通"的社会舞台。硬币的反
面是它的面值：5 便士、10 便士、5 美分、10 美分等。哈特
的论点是，在当代世界，硬币的正面越来越不重要。人们很
容易忘记事物的社会关系一面，忘记这种交换媒介在某个重
要的层面上，是与人物和社群联系在一起的。

　　硬币反面的力量着实让人惊讶，至少它占据了我们绝大
部分的关注。谁在乎上面有没有君主的头像？你想知道的是
它的面额是 5、10、20 还是 50。对于英格兰银行发行的纸币
来说，正面印着的符号性人物就更是无关紧要了。所有的纸
币上印的都是君主——每个人都知道这一点。*但上面有时
也有其他人的画像，例如亚当·斯密和查尔斯·达尔文。但

---

* 虽然这只是 20 世纪中期以来的情况。然而，硬币的使用是有相当长的历史的；
事实上，从古希腊和古罗马时期就开始了。

基本上不会有人注意他们。人们所关注的是一个大大的数字：5，10，20。然而，在象征层面上这些人物不仅代表着国家的伟大，而且代表一个事实，纸币和硬币之所以有价值，是因为我们都相信英格兰银行在理论上承诺向它们的持有人付款，而且是见票即付。正如哈特和其他许多人类学家所指出的那样，金钱是人类信任关系的标识物。

我们已经看到现代商品交易的其他形式是如何试图消除人的了；就芝加哥期货交易所和伦敦期货交易所而言，用扎罗姆的话说，这完全是在字面意思上通过把交易"从交易所（pits）里拉出来"*，然后放到电脑上来实现的。我们从金融界的趋势可以了解到，他们想让交易关系从人—人变成人—物（计算机），最终变成一系列算法。事实上，一些投资者现在使用"算法交易"（algorithmic trading）来做出投资决定；一些小投资者在家里写电脑代码，然后电脑就可以替他们做所有决定，比如决定什么时候买，什么时候卖，等等。这种行为是"做生意不能靠私人感情"这句老话的逻辑延伸——要想在商业上取得成功，你必须有莫斯所描述的那种冷酷的心和冷静的性情。

哈特甚至更戏谑地探讨了这一点，他把话题转到了这种陈词滥调是如何在众多电影中推动了情节发展上。哈特通过

---

* 原文 pits 有交易所也有深坑的意思。——译者注

分析好莱坞和宝莱坞黑帮电影中的例子，提出了他所谓的"杀手的困境"[12]。我们都熟知这样的场景。杀手举枪瞄准他的受害者。开枪之前，他会说："不要把这当成私人恩怨，这只是生意！"砰！砰！砰！

他为什么这么说？因为他也有作为人的良知，而他就要结束某人的生命了。他之所以这样说，是因为他所处的文化决定了私人与非私人领域之间必须有所区分。"因此在一个层面上，问题在于该如何排列生活和观念两者的优先级。因为这种对峙是鲜活发生的，因此已经进入私人的范畴，杀手必须警告他的受害者（或者还有他自己）不要作私人化的理解。似乎私人和非私人这两个范畴在实践中很难区分。我们的语言和文化长期以来一直试图在社会生活中将这两个领域完全分开。"[13]金钱迫使我们面对这一分离产生的问题，无论对富人还是穷人都是如此。于是我们就来到了另一个关键的研究领域。

债务

当我在津巴布韦做田野调查时，那里的年轻男性和他们的父母常常担心彩礼（通常被称为 lobola）的花销。我在奇文希的朋友菲利普到了 25 岁左右还没有结婚，这被认为不是好事（在一代人以前这几乎是闻所未闻的）。但他的家庭根本没有足够的资源来支付彩礼。

很可能这种担忧多年来始终存在，但在20世纪90年代，由于家庭对彩礼的期望发生了变化，这种矛盾变得越来越严重。报纸上偶尔会有一些报道，描述一些新娘父母的胃口是多么难以满足：牛不管用了；他们现在想要现金、手机，有时甚至是汽车。

这可能会引发很多苦恼和抱怨，尽管大多数人坚称"传统"远未消亡，而且这些故事肯定被夸大了。无论如何，一些津巴布韦人对婚姻市场上要价的升高感到不知所措。一位好朋友向我解释说，反正实际上lobola从来都不需要被全额支付；一个家庭可能会设定一个价格，但他们并不期望会得到全部这么多钱，实际上，他们并不**希望**这笔彩礼被完全付清。如果对方马上掏出这么多钱付给他们，会被视为敌意或蔑视的标志。你为什么要割断联结的纽带？这是一种切断社会关系的行为。这是整个撒哈拉以南非洲地区这类习俗的一个共同点：债务可以具有积极的社会价值。

然而，我们现在在非洲南部许多地方都看到牛的神秘性正在面临种种挑战。商品文化的兴起和生活的货币化使牛的特殊价值黯然失色。一位研究祖鲁人的人类学家克里斯汀·耶斯克（Christine Jeske）解释说，小汽车已经开始获得自己的神秘性；她认识的年轻男女把一辆汽车，而不是一个装满牛的围栏看作成功的标志。[14] 此外，这是一种不同的成功，它不是建立在牛创造的相互关系基础上，而是一种个体化、原子化的成功，它更能抵抗家庭和邻居的要求。一个年轻人曾对她说过："哦，天哪！哦！小汽车就是一切！它是一切，一切，一切，一切！"[15]

最近的评估与弗格森 1983 年的发现相差甚远，但与耶斯克研究的结果相差不多。然而，与许多津巴布韦人告诉我的相一致，耶斯克也发现了牛在某些领域的顽强生命力；她表示，汽车并不会在人生的重大事件，比如婚姻中占据显著地位。即使是最狂热的汽车爱好者，似乎也不会认为这种商品适合作为彩礼。"汽车这种商品与现金相关，而不与参与受社区和家庭认可的社会进程相关。"[16] 然而，在夸祖鲁－纳塔尔省（KwaZulu-Natal，耶斯克进行研究的南非省份），人们也看到了结婚率的显著下降：自 1970 年以来，结婚率已经下降了20%。[17] 这在很大程度上是因为市场经济重新塑造了传统习俗的形态（即使是在已经完全现代化的情况下）。

种族隔离政权的垮台本应为南非人带来新的经济机会。例如，黑人中产阶级的崛起就是一个标志性的愿景。然而，现实却给人泼了一盆冷水，因为并没有出现这样一个主要阶层。而那些爬上成功阶梯的人也付出了代价，他们经常会欠下银行和小额贷款机构的巨额债务。彩礼也在这些变化中扮演着重要角色。

德博拉·詹姆斯（Deborah James）从更广阔的角度看待

南非当前的经济和社会气候。她写道,随着黑人开始渴望成功,南非已经发生了重大变化。[18] 在彩礼(更广泛地说,婚姻)方面,严峻的经济状况,以及礼品经济和资助−救济纽带的衰退,让一些中产阶级职业人士和野心勃勃的人对"攀登"社会阶梯的行为产生了矛盾的情绪。家庭往往仍然坚持将支付彩礼(包括牛)作为婚姻契约的一部分,这可能导致年轻男子不得不为此举债。这种做法进一步搅乱了现代商品文化与传统习俗之间的联系,使"传统习俗"在这个正在现代化和全球化的世界中占有一席之地的想法更难维持。我们可以说,以牛为载体的"好"债务正被以钱为载体的"坏"债务所取代。为此感到忧心的不止年轻男性;詹姆斯在她的研究中讲了一个年轻女人的故事,她逃避结婚,因为她不想同婚后第一天就欠了银行和她父母钱的丈夫一同迈入婚姻生活。"于是,浮现出来的现代(彩礼)场景,无论它的本意是想确立什么样的长期道德纽带,都同时包含了相当大的经济上的限制。"[19]

好的债务与坏的债务是人类学价值研究中的一个重要概念。有数十项研究成果,比如詹姆斯和耶斯克的研究,分别追踪了不同价值体系——我们可以说是经济价值体系和文化价值体系——发生冲突和得到重新配置的方式。这些进程正在世界各地发生,从南非到蒙古。它们是马林诺夫斯基和莫斯试图解决的相同问题的一份当下索引。

大卫·格雷伯是人类学界最重要的思考价值概念的理论家之一。他认为，债务在阐明我们的经济事务与道德生活之间的联系方面特别有用。正如我们所见，在莫斯的传统中，所有的市场都是道德的——并且从某种意义上说，所有的道德都被市场化了——格雷伯把他的大部分职业生涯都投入到了对这一点的探索中。在田野工作中，他首先从地方层面上研究了马达加斯加的政治和权威，探究了一个高地村庄里人民的生活，其中一些人是贵族后裔，另一些人是奴隶的后代。[20] 这一案例研究中最引人注目的是，他发现了在此前的几十年里（在格雷伯到来之前），奴隶的后代是如何篡夺对大部分土地的权利，并声称可以驾驭超自然的力量来源的。虽然这一早期的民族志著作没有明确以债务作为其理论框架，但它预示了格雷伯后来对债务、价值、道德和权威的许多思考。

这些思考在他 2011 年出版的著作《债：第一个五千年》（*Debt: The First 5,000 Years*）中得到了全面的表述，这是几十年来人类学界最接近畅销书的作品。《债》不是一本民族志，但它利用了民族志记录，同时结合历史、经济学和个人思考——从威斯敏斯特夏季派对上的闲聊到马达加斯加集市上购买毛衣的复杂过程——来探索和挑战关于交换和经济关系本质的一些长期存在的迷思。[21] 格雷伯的一个主要论点强调了我们在本章中探讨过的一些东西：从互惠角度看待每一次交换，使我们对人类社会关系的理解变得贫瘠了。

如果认为互惠就是完全的和最终的，那确实会产生这样的结果。正如我们已经讨论过的，今天用钱买一条面包的好处之一是，我们不需要关心收银员明天是否幸福和健康。但在许多情况下，这种完全和最终的交换既不被保证也不被期待；换句话说，存在各种各样的交换，有时我们所渴望的是债务——也就是说，我们渴望建立或促进社会关系和社会联结。从某种意义上说，格雷伯认为，这意味着"交换"这个词用在正在发生的事情上是不恰当的，因为我们倾向于把交换看作"只关于双方价值的对等"——可以把不同的事物相互抵消。[22] 这就解释了为什么彩礼这笔"债务"从来不会被完全偿还，也解释了为什么它经常是用牛而不是现金来交易的；现金作为一种结算方式太清楚明白了。它太精确，太不具个人色彩了。这也是库拉圈中的交换以这种形式进行的原因——物品总是在流通之中的，它们的个体价值从未被公开质疑；它们交换的时间点错开了，即使只是象征性地延迟几分钟。而且这也是为什么我们还在继续传唱《爱是非卖品》。

第五章
CHAPTER 5

血统

在我们考虑的所有这些概念中，血统（Blood）有一些特别之处。这是唯一一项你实实在在拥有的东西。与"血"相比，文化、权威或理性在哪里？真的，看在上帝的分上，你要到哪里去找"hau"？

血统的真实性对人类学研究既是好事，也是坏事。一方面，它提供了一套共同的、甚至可能是普世的性质，永远提醒着我们人类的体质组成。另一方面，这些共性容易导致我们无法更深入透彻地思考自身的组成和关联所具有的文化面向。血统的真实性往往会让我们在定义彼此之间的联系时变得过于自信和专断。

1871 年，路易斯·亨利·摩尔根出版了《人类家族的血缘和亲缘制度》（*Systems of Consanguinity and Affinity of the Human Family*）。这是亲属关系研究的奠基性著作，至今仍因其成就而广受赞誉。的确，摩尔根在研究中使用了社会进化论的方法，我们已经讨论了此方法在科学和道德上的局限性。但他在亲属称谓方面所做的大量工作，尤其是在美洲原住民中的研究，为理解作为一种观念体系的亲属称谓系统提供了一个模板。事实上摩尔根的数据有着令人难以置信的深度和广度：他确实为这一领域之后的工作奠定了基础。

摩尔根的关注焦点，换种方式概括来说就是"血缘和婚姻制度"，也就是血亲和姻亲的意思。血缘在他的亲属关系研究中占据了首要地位，这本书在实际意涵和比喻层面都处处体现出对血缘的关注。其中最广为人知的是他把家庭称为"一个血族"（a community of blood）[1]。

正是这种强调，激起了大卫·施奈德（David Schneider）的兴趣和愤怒。他是摩尔根最直言不讳的批评者之一。20世纪60年代，大卫·施奈德出版了一本题为《美国的亲属关系：一种文化叙述》（American Kinship: A Cultural Account）的小书，旨在驳斥摩尔根的论点。[2] 虽然距施奈德的观点发表已过去了半个世纪，但在许多方面，他强调的内容在今天依然没有过时——不仅在美国，而且在任何我们发现亲属关系的概念以生物学和自然为基础，同时又处在更广泛的"现代性"框架内的地方。如施奈德所说，美国人认为"血缘关系"是根本的和永恒的：祖父母、姨妈、叔叔和表亲等等。[*] 美国人

---

[*] 在专业的记录中，这些术语的出现被视为彻底缺乏专业素养：它们的意义庞杂，在特定的文化中有特殊的含义，在表意上极度模糊。关于亲属关系的研究有一个非常术语化的词汇表，以"自我"为中心，周围环绕着"母亲""父亲""姐妹"和"兄弟"，而不是"叔叔""姨妈"，甚至"祖母"，因为这些必须被表示为

也强调血缘和基因之间的联系；当解释某些行为或个性特征时，他们会说这"流淌在我的血液里"。虽然这是一种隐喻性的表述，但它往往带有字面意义的力量。毫无疑问，它已经失去了那种新奇的比喻所具有的跳跃性。

在美国的情境里，亲属关系不仅限于血缘关系；和大多数其他地方一样，它们也可以通过婚姻形成。但婚姻关系是主观的和可解除的，而血缘关系不是，并且它们更一般性地界定了亲属概念的范围。当我们谈到"继兄弟"时，我们说的是，这里的兄弟之间没有血缘关系。当我们谈到"半姐/半妹"时，我们说的是两姐妹有一个共同的父/母，她们是"同父异母/同母异父"的姐妹。血缘是身份认同的终极形式，所有的其他关系都要根据它来分类。施奈德甚至一度说过，在美国文化中，血缘关系呈现出"近乎神秘"的一面。[3]

在施奈德的分析中，这种文化体系最显著的方面是生物关系和社会关系的等级。生物学——血缘——总是最真实的，是其他关系的基础，而如继兄弟姐妹和亲家关系等则要排到后面，更不用说教父教母或结拜兄弟了。[*]在这个"美国

（接上页注）"母亲的兄弟"（舅舅）或"母亲的母亲"或"母亲的母亲的母亲"等等。当然，所有这些术语都是基于可构成一系列可能组合的、最小的理解单位。它们就像质数，只能被它们自己整除。此外，亲属关系研究往往附带图表、符号和标志，详细说明各种关系和联系。不是所有的人类学家都喜欢这个。布罗尼斯拉夫·马林诺夫斯基抱怨道："坦率地说，我必须承认，没有一种亲属关系不令我感到困惑，我对这种荒谬的科学和架空的数学化的亲属关系的事实感到迷惑。"（1930，p20）。

[*] "亲家"（in-law）一词在这里也很重要；它告诉我们，我们需要法律体系的力量来接近那种从血缘中获得的"自然"关系。

体系"，或者我提议我们可以更一般性地称之为"现代观点"中，亲缘关系和生物学在某一点上趋于一致。亲属关系实际上是关于生物学和生育事实的。亲属制度的术语总是要由生物学来规定。对施奈德来说，这就是摩尔根的人类学和美洲原住民民俗的相通之处。

今天，这个关于自然统治的故事里被添加了一些脚注，或者说是被写下了新的篇章。毕竟，成为现代人，部分意味着享受科学进步的成果，例如新的生殖技术（new reproductive technologies，缩写为 NRTs）。体外受精（卵子不是在子宫里而是在试管里受精）和妊娠代孕（由一名女性孕育另一名女性的受精卵）只是科学挑战生物学极限的许多方式中的两种。有什么能比试管婴儿更具有"文化"色彩吗？同性婚姻也迫使人们重新思考这种等级秩序。这两个例子都很好地说明了自然和文化之间的界线总是在变动之中。亲属制度是理解这一事实的良好风向标。

虽然施奈德本人并未直接讨论这一点，但他所探讨的亲属关系的逻辑与种族的逻辑也有关联。我想过一会儿再谈这个问题，但在这里首先要对施奈德并未提及种族一事做个解释。事实上，在《美国的亲属关系》中，他完全没有提及种族这一点与我们如何理解他使用"美国人"这个标签有关。尽管施奈德的分析有许多优点，但其中也显示出将"文化叙述"（他的术语）从社会状况、个人关系和个人生活中抽离出来有多么困难。施奈德的数据主要来源于对"中产阶级白人"的访谈。[4]他接着指出,他的其他数据来源包括关于非裔美国人、日裔美国人和一些其他少数群体,以及来自不同阶层背景和国内所有不同地区的人的资料。他也很清楚,他的研究路径所着眼的象征和意义是处在一个高度泛化的水平上的。但即使在稍低一点的水平上,我们也需要意识到现实中存在各种差异和限制条件。

这方面的一个很好的例子来自卡罗尔·斯塔克(Carol B. Stack)的经典研究《全是我们的亲戚》(*All Our Kin*)。这项研究关于一个名为"公寓"(The Flats)的非裔美国人社区,该社区位于中西部的一个小城市(这项研究与60年代施奈德的研究同时期进行)。斯塔克的研究表明,在"公寓"里,人们并不像施奈德的研究中提出的那样,将血缘关系视作最基础的人际关系:她描述了基于照顾和支持的实际社会关系而产生的"个人亲缘"最终是如何胜过了血缘关系的。[5]尽管如此,她同时还指出,"公寓"里的家庭都知道,他们的"民间"关系体系不被国家承认,这一点又确实支持了施奈德的模式。在一定程度上,这有助于澄清施奈德的模式所呈现的是美国亲属关系的标准模板:在许多情况下,可能事实的确是这样的,但更重要的是,事实**应该是这样**(根据国家、科学专家和道德权威的说法)。

一滴（One drop）

在下一章中，我将更深入地思考人类学对理解人类所做出的一个根本贡献：它被恰当的称为"种族神话"[6]。在人们日常生活中使用的那个意义上的种族（race）概念，在科学上完全是胡说八道。没有"白人种族"，没有"非洲种族"，没有"中国人种族"，任何一个平时被人们挂在嘴边的"种族"实际上都不存在。这些"种族"之间可被识别的区别都是文化上的区别。然而，我们不能对"种族"的社会事实坐视不理，也不能完全依靠遗传科学的证据来一劳永逸地解决问题。通过追踪这些种族的区分标准在特定时间和特定地点是如何被认作"天经地义"的，我们可以学到很多东西。

例如，在各个文化系统中，血缘和种族往往密切相关。纵观美国历史，血量法案（blood quantum laws）和"一滴规则"（one-drop rule）曾被用来定义（即建构）人们的种族身份。一滴规则是其中更为人所知，也更臭名昭著的那个：它规定，只要你继承到了"一滴"非洲人的"血"（即你的所有祖先里有一个是非裔），那么你就是"黑人"。一些州把这条规则作为法律的基础，旨在维护某种种族纯洁的观念。弗吉尼亚州登记官在 1924 年《弗吉尼亚种族纯洁法案》的序言中这样说道：

据估计，该州有 10000—20000 人或者更多的人是近乎白人的人，已知他们是与有色人种的混血。在某些情况下，在一定程度上，他们是真实的白人，但这仍然足以阻止他们成为白人……然而，这些人在现实中并不是白人，根据这项法律的新定义他们也不是……（以及）即使在他们身上所有明显的混血特征都消失了，他们的孩子的相貌也可能回归到明显的黑人形态上去。[7]

1967 年，美国最高法院宣布《种族纯洁法案》违宪。但这并不意味着这种想法已经消失，无论在美国还是在其他地方。它的一些弱化版本甚至被赋予了轻娱乐的价值。在 BBC 热播节目《你认为你是谁？》（Who Do You Think You Are?）中，前伦敦市长兼外交大臣鲍里斯·约翰逊（Boris Johnson）将他的家谱追溯到了土耳其政治家和记者阿里·凯末尔·贝（Ali Kemal Bey），以及欧洲的各个王室家族。"这真是很有趣，我通常感觉自己是个彻头彻尾的英国人，"他说，"但实际上，我是一个彻底的混血儿。它真正教会我的是，我们的基因深远地影响着我们的生活……"[8] 在这里，他的意图当然不同于弗吉尼亚注册官表达的那个意思，但总的逻辑是相同的。都是基于人们普遍持有的那个信念，即"血缘关系……是由具体的、生物基因术语所描述的。"[9]

弗吉尼亚州的《种族纯洁法案》可能已经被束之高阁，

但其他的血量法规至今仍在生效。这些标准最初由殖民定居者确立，后来成为美国政府的一个工具，被用作判定美洲原住民族群成员资格的标准。在某些情况下，这些标准是与联邦的财政支持和对其主权的承认挂钩的。自20世纪中叶以来，许多美洲原住民族群已经将血量法案纳入他们自己的部落宪法（通常是因为只有这样，美国联邦政府才会认可他们的族群地位）。规定的血统比例各有不同，但总是比"一滴"多得多：在某些案例中是八分之一或四分之一，有时甚至高达一半。

内华达和加利福尼亚的瓦肖部落（Washoe）就是这样的一个民族。今天的瓦肖是一个相对较小的群体，人口不到1500人，居住在太浩湖（Tahoe）地区及其周围。他们拥有几个居住区和几片山间的土地。1937年，就在他们将接纳成员的标准制定为申请者至少拥有四分之一的"瓦肖血统"之后，他们获得了联邦印第安事务局的认可。今天，你可以从官方网站下载部落成员申请表；申请人被要求列出他们自己的"瓦肖血统"比例和他们可能拥有的"其他印第安血统"，以及他们的父母和祖父母的血统。[10]

对瓦肖的一项研究表明，这些法律是双刃剑。[11]一方面，它们有助于确保它获得联邦的资源和认可；另一方面，这种理解亲缘关系的特定模式与瓦肖传统（以及许多其他美洲原住民民族的传统）完全不同。在瓦肖传统中，血缘关系没有社会关系和社会角色那么重要。

在这个例子中，对认同进行数学式的精确统计可以说明一些问题。施奈德会说，它将血缘（以及我们将在下一章中讨论的身份认同）转化为一个东西，这个东西就像数字（1.0, 0.5, 0.25）一样，能够提供非常精确的答案。因为血统组合的具体构成方式并不重要——它可以由一名"纯血"的祖母，也可以是四名纯血的曾祖父母，或者是两位混血的父母组成——以上任何一种都可以凑够要求的数字。这是获得官方承认的先决条件。

如果你停下来想一想，这是相当荒谬的。比如说你的四位曾祖父母都是"纯血"瓦肖人。然后，假设他们搬到了洛杉矶——这是瓦肖移民的一个常见目的地——生了孩子，但这些孩子与外人结婚了（结婚对象可能是个第三代爱尔兰裔美国小伙子，或者是个拉丁裔辣妹，甚至可能嫁给了某个祖籍广东的人）。然后，他们的后代又继续这样做，到处移动——有的去了西雅图，有的跑到皮斯卡塔韦，和各种各样的混血美国人结婚——"杂种"，正如鲍里斯·约翰逊阁下所说的那样——并受训成为汽车修理工、律师、爵士歌手或其他的什么工种。也许这些人中没有一个能在地图上找到瓦肖聚居区——甚至连太浩湖都没听说过。接下来我们就要谈到你了，假设你是一个住在新泽西皮斯卡塔韦的烟囱清洁实习工，爱上了一个善良的犹太男孩。这又为你家完美的"美国熔炉式"的民族混合故事增添了新的内容。然而，根据血量标准，你是个瓦肖人。然而，我们再回到太浩湖，在那里你有一个隔了两代的排行第四的表妹，她是一位公认权威的研习玛吉·梅奥·詹姆斯（Maggie Mayo James）风格的专家，詹姆斯是20世纪早期伟大的瓦肖篮子编织者。你的表妹能说流利的瓦肖语言，但她不是瓦肖人，因为她的家谱涉及的血统太杂了，有派尤特人（Paiutes）、米沃克人（Miwoks）和一个来自犹他州，因错误的近亲结合而出生的离经叛道的摩门教徒。

在这个以血统为基础的治理方式于1860年左右开始被开发出来之前，这种思考方式一直被认为是荒谬的。甚至有一种观点认为，在19世纪中叶之前，并不真正存在一个瓦肖部落或民族，至少不存在美国政府所寻求的那种稳定、有边界的族群概念。在过去的日子里，如果有人学会了瓦肖语言，他们就会被认为是瓦肖人。如果讲瓦肖语的人和米沃克人或迈杜人（Maidu）结婚，那么后者只要采用当地的习俗和生活方式就会被承认为瓦肖人。简而言之，对他们来说，血缘与亲疏或身份认同没有什么关系。

他们关于家庭和亲属的观念也是如此，在这里一些旧的关系模式仍然很重要。传统上，核心家庭不一定强大；瓦肖人"成群"地住在一起，常常认为父母的兄弟姐妹和父母同样重要；而他们的孩子，也就是任何瓦肖人的"堂表亲"也会被视为近亲，其称谓与同胞的兄弟姐妹是一样的。在许多美洲原住民民族的传统里，收养关系都很常见，这进一步淡化了血缘本身的重要性。[12]

我们在这里看到的是，血缘是如何在各种不同的、对亲属关系和种族的理解中发挥作用的，以及亲缘和种族的概念是如何交融在一起的。现在我想暂时停止讨论种族这个类别，但我们将在下一章回到它。然而，显而易见的是，美国政府实施血量法案与我们已经谈及的19世纪关于文化、种族和文明的观念是紧密联系在一起的。负责制定血量法案的官员在这个意义上完全是维多利亚式的。

我们可以从瓦肖的例子、弗吉尼亚州的《种族纯洁法案》，甚至从鲍里斯·约翰逊的那句话中看出，文化意识形态在这种对身份认同的确定中发挥了多么大的作用。事实上，不考虑任何具体的文化阐释的问题，我们从生物人类学的工作中可以得知，即使在实实在在的现实层面上，种族也确实是一个神话，一个错误的分类方式。同样，尽管我想在下一个主题——身份认同——中再进一步探讨种族问题，但认识"血统"话语在这种神话制造过程中所扮演的角色至关重要。

但让我们回到亲属关系。人类学记录中有许多这样的例子，在其中生物学上的血缘关联这个事实起到次要甚至无足轻重的作用。另一个很好的例子来自阿拉斯加原住民因纽皮亚特人（Iñupiaq）。[13]因纽皮亚特人的亲子和同胞关系没有那么紧密，也没有发展出什么必要的义务和情感联系等观念。对他们来说，自主性是种极度重要的文化价值，甚至年幼的孩子也能做出重大的决定。在一个案例中，我们听说一个7岁的男孩决定搬到他70英里外的祖父母家，因为他携带了学校档案，所以新学校就接收了他。他的母亲将这个决定视为一种事实而平静地接受了。[14] 因纽皮亚特人甚至这样谈论分娩：不是母亲"生孩子"，而是孩子"领取了生命"。孩子被认为选择了自己的出生。收养在因纽皮亚特人中也很常见，孩子在他们出生的家庭之间流动，要么是因为他们自己的意愿（例如那个7岁的孩子想去祖父母家），要么是因为一个家庭有很多女孩，没有男孩，所以他们就会跟别的家庭换一个。这并不是说各种形式的群体团结都无关紧要；事实上团结是重要的价值观，只不过并非表现在家庭上，而表现在其他的群体，比如捕鲸群体上。但是在这样一种文化中人们完全可能说出"他曾经是我的表亲"这样的话。[15]

在欧美现代性的轨道之外的地方，血缘也并非无关紧要。"生物学"也未曾缺席。不仅仅是殖民主义和全球化的渠道，或者科学的进步，才激发了我们对血统的兴趣，尽管这种兴趣看起来并不总是和我们在布里斯托六年级的《性与关系》课程教学大纲上看到的一样。例如，因纽皮亚特人理解生育机制，并且有专门的词语来称呼他们的"生物学"同胞。只是，正如我们所看到的，他们并不认为生物学对于判断亲疏来说是一个决定性或必要的元素。在我刚才描述因纽皮亚特人的时候，我几次使用了"家庭"这个词。但这必须被看作是跨文化描述中的一种简单化处理，因为在因纽皮亚特人的语言中没有直接与"家庭"对等的词。

因此，在一个重要的意义上，瓦肖人和因纽皮亚特人的亲属关系是**结交**（make）出来的，不仅是姻亲，而且在更基础的家庭形成层面也是如此。家庭关系需要履行（perform），如果不履行就会消失。当然，在某种程度上，所有的家庭关系都是"履行"的。亲属关系可以是疏远、无视和漠不关心的，甚至可能被失去和被发现。著名小说家伊恩·麦克尤恩（Ian McEwan）直到 2002 年，也就是他 50 多岁时才发现自己有一个哥哥大卫，之前被他的父母送给别人收养的。在采访中被问及他是否感觉与大卫有某种"兄弟间的联系"时，麦克尤恩回答说："有的，但如果你们没有一起长大的话，这种感觉有点抽象。昨天我和他通了电话，聊了很久。"然后，我们被告知，在结束访谈前他停下来沉吟片刻，说道："好吧，我不会和其他的哪个来自沃林福德（Wallingford）的砌砖工人做这种事。"[16] 麦克尤恩的犹豫，是由于英国人对亲属关系的理解中血缘所起到的文化作用。

尽管如此，血并不是唯一重要的身体物质。身体本身作为一个字面和隐喻的模板从来没有远离我们的文化阐述。这就是为什么我强调文化不仅仅是一种观念。它是物质的，它

是依赖他者的，甚至可能与蟋蟀紧密相关——正如我们前面
所看到的那样，但更重要的是它与血液，以及我们身体的其
他组成部分：肝脏、心脏、头发、指甲、精液，也许最重要
的是母乳联系在一起。事实上，母乳也具有特别的文化意义，
在这里值得进一步关注。

母乳亲属关系

不久前，埃及人类学家法瓦·埃尔·吉尼迪（Fadwa El
Guindi）在卡塔尔大学（Qatar University）的办公室里，与她
的卡塔尔本地人同事莱拉（Laila）共同绘制一张亲属关系图。
另一位也是本地人的同事阿卜杜勒·卡里姆（Abdal Karim）
突然走进办公室，看到她们在做的事情，宣布他不能和莱拉
结婚，因为他是莱拉的"叔叔，同时也是她的母系表亲和兄
弟"。[17] 就连这一领域的专家埃尔·吉尼迪也不得不停下来，
开始思考这是怎么一回事。

血缘可以在厘清这一系列的关系中起到很大作用。但是
要想彻底破解它，我们还需要关注母乳。如果长话短说，并
且省掉人类学解释中常见的亲属关系图的话，我们可以这样
说：阿卜杜勒·卡里姆是由他的继兄弟的妻子用母乳喂养长
大的。这个女人就是莱拉的母亲（她也给莱拉喂过奶），她的
姐妹嫁给了阿卜杜勒·卡里姆的父亲。

在伊斯兰教的传统中，母乳亲属关系（milk kinship）是种长期存在的实践，而且法律也承认这种由母乳而缔结的联系。当中最普遍存在的是相互的爱、关心和支持。但根据伊斯兰法律，它还引入了一项婚姻禁令：由同一名妇女母乳喂养的男女不能结婚，即使他们"没有血缘关系"。

直到最近，这项禁令才在整个伊斯兰世界被渐渐废止。事实上，我们可以注意到——先撇开伊斯兰教义的特殊性——哺乳实践在整个人类历史上都很普遍。[18] 在婴儿配方奶粉诞生之前，如果没有专门奶妈（唐顿庄园里的贵族必然是雇佣奶妈的）的话，人们也没有什么别的选择。指导哺乳实践的规则在不同的文化中有很大的差异。它并不总是导致婚姻禁忌，甚至也不一定会制造出一种类似于亲属的关系。然而，在伊斯兰教的框架内，它确是如此。每个虔诚的穆斯林都知道他们不能跟和自己有母乳亲属关系的人结婚。这样做将打破三种"亲密"（qarābah）关系禁忌之一：血缘、婚姻和母乳。[19]

与我们所看到的其他传统一样，哺乳的减少是多个因素共同作用的结果，其中许多是现代化和全球化造成的。例如，在黎巴嫩，哺乳行为没有原来那么常见了，因为人们的居住模式已经转向以核心家庭为重心。奶妈的数量很少，因为母亲们会使用配方奶粉，而且在市场经济条件下，雇佣奶妈很贵。"母乳银行"（milk bank）在世界许多地方都变得越来越普遍，但它在穆斯林中引起了特殊的焦虑，因为人们担心他们的孩子可能会无意中和另一个吃过相同母乳的人结婚。这导致了一些极端保守的伊斯兰学者要求保存所有供奶者的名单，以便任一客户都能知道他们购买的母乳的来源。

然而，和我们在上一章中牛和彩礼那个案例中看到的情况类似，在黎巴嫩，母乳亲属关系的地位和价值不断变化并没有让它消失。事实上，随着新生殖技术的兴起，母乳亲属关系获得了新的生命，这些新技术也为伊斯兰教对母亲身份的理解带来了许多挑战。

伊斯兰学者普遍支持辅助生殖方面的医学进步。体外受精等做法得到广泛接受，而且需求量很大；和世界上许多地方一样，人们在婚后面临着很大的生育压力。但无论如何，有些新的生殖技术确实提出了具体的挑战。例如，法律权威之间会就代孕技术展开争论。尤其是什叶派传统中，关于代孕母亲是否可以主张其作为母亲的权利的问题，以及关于如果她主张作为母亲的权利时人们该怎么做的问题，存在着很大争议。有些人认为，她不能主张任何此类权利或关系。然而，其他学者认为，怀孕实际上是一种超集中的母乳喂养的过程：母乳亲属关系（通过养育建立的关系）的原则也需要涵盖代孕这种新的可能性。

母乳亲缘关系以这样或是那样的方式仍在延续。在这本书里，母乳亲属关系提供了一个模板，用以帮助我们理解科学技术的进步所带来的新型关系。

　　不过，值得注意的一点，也是人类学家必须考虑的一点是，哺乳所制造出的那种纽带，尽管无疑是重要的，但它**的确**排在血缘纽带之后。在伊斯兰传统中，情况当然也是这样的，这一点可以从母乳亲属并未被列入继承人范围这个事实中得到证明；继承关系是完全由血缘决定的，在施奈德用以讨论美国人时所使用的那个宽泛的意义上是这样。

　　因此，我们可以背离我们的血统，无论是从生物学还是从文化的意义上都是如此。而且我们当然可以认识到，血统在人类对亲属联系的理解中，是以多种多样的方式出现的。尽管如此，人类学研究一次又一次地表明血统是一种特殊的东西。

流在血里的东西是藏不住的

　　施奈德的工作解构了美国亲属关系，而且在更广泛的亲属关系研究中，促成了一种变化。它表明，只关注骨肉血亲和婚姻纽带，限制了我们理解人们如何在"家庭"层面上看待"亲缘关系"。在因纽皮亚特人的例子中，我们已经观察到了亲属关系的灵活性；我们还从母乳亲属关系这样的系统中看到它们是如何创造团结、联系和认同的形式的。

　　尽管如此，血仍然是一种非常持久的象征性资源和模板。

处于不同时空的人类社群都通过它来表达核心价值和关切。其中最普遍的是生与死，同时它往往又与纯洁和不洁的观念联系在一起。这种关注具体得到表达的方式可能有很大不同；例如，在许多文化中，血液也被性别化为与女性相关的事物，这进一步塑造了相关的社会和文化动力学。

所以，我们又回到了生物学和人类身体，与社会和文化这两者之间的联系。爱丁堡大学社会文化人类学教授珍妮特·卡斯滕（Janet Carsten）是着重强调这一联系的关键人物之一。她的大部分工作都围绕马来西亚展开，包括农村和城市。所有这些工作都集中在她所谓的"亲缘文化"（cultures of relatedness）的某些方面。[20] 血统是其中的一个重要部分。虽然卡斯滕经常被认为是亲属人类学领域的领军人物，但她对血统的兴趣使她涉入了医学、政治甚至鬼魂的领域。卡斯滕深受施奈德人类学分析方法的影响；她还借鉴了玛丽莲·斯特拉森（Marilyn Strathern）的开创性工作，斯特拉森在巴布亚新几内亚和英国对亲缘关系的研究界定了亲属关系和性别研究的多个领域。[21] 但卡斯滕最近阐述了一种方法，旨在调整文化描述的范围。因为对她来说，我们必须要思考的是"流在血里的东西是藏不住的"。[22]

卡斯滕使用这个短语带有讽刺意味；这个英文俗语的意思是，一个人的"本色"（血）最终总是会显露出来。这更接近我们之前讨论的"这流淌在我的血液里"那个思维方式。

相反，这**不**是卡斯滕的意思。她仍然与施奈德和斯特拉森等人站在同一边，他们两人都质疑亲属作为一个既定事实的地位。然而对她来说，这个短语考虑到了一个微妙的事实，即并非所有的符号都是任意的，任何给定符号的物质属性对其含义而言都是重要的。我们可以从物理身体的构成中学到很多。

在这里，我们会简单讨论一下符号学，即对符号的研究。这是人类学研究的一个重要领域，包括语言和文化两个方面，与一系列研究兴趣和领域都相关。但是我们将会看到，通过对"血"的讨论进入这一领域可能会有助于我们的理解。

对人类学家来说，符号学总是与瑞士语言学家费迪南德·德·索绪尔（Ferdinand de Saussure）的工作联系在一起。他所著的《普通语言学教程》（*Course in General Linguistics*）一书在其去世后的 1916 年出版，从此激发了人们对符号学的兴趣。（这本书实际上是由他的学生们整理的讲稿——这对一个教授的声望来说是多么好的证明！）正如书名所示，索绪尔关注的是语言，特别是作为一个符号系统的语言（而不是语言在具体情境中的使用）。事实上，有很多种类的符号（signs）——或者用更专业的术语来说，符号学形式（semiotic forms）——但让我们先从语言开始讨论。索绪尔把语言符号定义为"概念和声音模式的组合"。[23] 例如，"树"是一种声音模式，它让人想起一大个由木头和上面长着的树叶组成，呈波浪冠状的东西。

自从索绪尔的著作诞生以来，人类学界的主导立场始终认为符号是任意的。也就是说，我们用来指称世间事物之概念的词语完全是约定俗成的产物。如果我们不再把猫称为"猫"，而一致决定称它们为"fifilipules"，那么这种动物从此就是 fifilipules 了。在某些意义上，这个观点没什么特别之处，也不令人惊讶。这些符号当然是约定俗成的。我们甚至不必开始编词，只需指出语言多样性的事实即可：cat（猫的英语），是 chat（法语），是 Katze（德语），是 мышык（吉尔吉斯语），也是 popoki（夏威夷语）等等。很明显，这些词经常在词源上相关，并且能指示出这些语言之间的特定历史渊源。*但无论如何，我们乐于承认约定俗成的原则。

我们已经看到，当我们思考"家庭"这样的术语时，事情会变得更加棘手。在因纽皮亚特人的语言里，并没有一个可以直接对应"家庭"的词语。"宗教"也属于这类脆弱概念。或者回顾一下我们对艾斯艾赫人的讨论（第二章），对于艾斯艾赫人来说，我们一般所说的"人类"概念也没有意义。有很多这样的棘手案例，它们会促使人们对事物的秩序提出更多存在主义式的甚至神学式的问题。它们提醒我们，在符号层面上，这不仅仅是找到任何特定语言中所有正确的能指

---

* 在语言学术语中，这些词被称为同源词（cognates），来自拉丁语 *"cognatus"*，有"血缘关系"的意思。关于血液的隐喻根深蒂固。

（词语，如"家庭""猫"和"爱"）来对应它们所表示的所有正确的事物（"实际存在"的家庭、猫或爱的例子）。各门语言并不都是同一张拼图的不同版本，当拼图被以稍微不同的方式分割成片时，最终总是会组成同一幅图片。事实上，这是一个关于符号任意性的争论实际上会对其产生巨大影响的领域。简而言之，这构成了犹太—基督教思想权威的总体瓦解的一部分。《普通语言学教程》就像在它之前出版的《物种起源》一样，是通往世俗社会科学之路上的一个路标。

在《创世纪》的描述中，上帝先是给天地和昼夜起了名字；然后，在伊甸园里，上帝把所有的动物带到亚当面前，由亚当给它们起了名字。当然，随后发生的是人的堕落，这使得亚当和夏娃从伊甸园的状态里脱离出来。《创世纪》后文中还提到，世界上的所有人在一个巨大的城市里建造了一座几乎要通到天堂的高塔（巴别塔）。上帝认为它象征了人类的僭越。作为惩罚，他驱散了人们，并"变乱他们的语言，使他们彼此言语不通"。[24] 在犹太—基督教创世和历史的这些早期例子中，我们看到的是一种看待语言和符号的方式，它与前文中概述的人类学视角有着根本的不同。它认为一切事物都有其恰当的名称、位置和意义。

几年前，在英国的一场关于同性婚姻合法化的辩论中，英格兰与威尔士天主教主教团发表了一封公开信，由天主教委员会主席和副主席签署，信中称婚姻是一件圣事，其含义不能被改变。[25] 他们这时当然不是在谈论"婚姻"这个英语单词；他们谈论的是这个制度。但是它背后的逻辑和我前面描述的一样，那就是事物（词语和制度等等）的含义不是任意的，它们根本上不是由人类决定塑造的人工造物。他们写道，婚姻的含义并不"取决于公众意见"，他们呼吁所有天主教徒"确保婚姻的真正意义不会失传"。*

所以，关于符号是怎么运作的，存在各种不同的看法。总的来说，正如我已经说过的那样，人类学坚持约定俗成原则和任意性原则。大多数人类学家都不会说婚姻有某种"真正的意义"。这里显然与人类学强调文化是一种建构有着密切的关系。

但如果我们先脱离语言本身，去考虑"物质"的东西，这个原则上就要附加一条警告了。在这里，美国哲学家查尔斯·桑德斯·皮尔士（Charles Sanders Peirce）的作品尤其具有影响力。这部分是因为——与索绪尔不同——皮尔士感兴趣的不只是语言，当然就更不只是抽象的形式意义上的语言。皮尔士对符号学形式的物质属性和性质产生了浓厚的兴趣。这是因为意象和客体的运作方式或存在方式，与声音模式和概念不同。例如，十诫被刻在了石板上这个事实重要吗？当

---

*　在当代人权运动中，我们常常发现类似的观点和方法，尽管它们背后的形而上学可能非常不同，或者有时这些观点背后根本就没有形而上学。但这种运动往往是以意义的绝对性和固定性作为前提展开的；折磨就是折磨，就是折磨。

然。石头象征的是坚韧和固定。石头在说:"这些诫命真的很重要。"试想一下,如果它们是被写在尘土上的,那意义就完全不一样了。这并不是说物质属性决定了某种符号的意义,而是物质属性可以塑造或引导——或者用皮尔士的术语来说,标示——某种特定的意义和联想。

在这里,我们可以回到"血液"——或者回到 Blut(德语),dugo(菲律宾语)和 ropa(绍纳语)上了。因为实体的物质正是这样一种东西。它的物质属性,包括颜色(红色)、形态(液态)和来源(身体),都塑造和引导着特定的含义和联系。另外,它也确实是生命所必需的事物。例如,卡斯滕指出,它的液体属性可以帮助解释为什么它在一系列领域发挥如此重要的作用——不仅是我们已经详细讨论过的亲属关系,还包括性别、宗教、政治和经济等一系列领域。[26] 让我依次阐述血在每一个领域中的作用,以便读者明白我想要表达的意思。

性别。血液并不总是有性别的,但如果有的话,它通常是女性的,因为它与生育和月经有关。在新几内亚,放血仪式和实践已成为雅特穆尔人(Iatmul)、萨比亚人(Sambia)、古鲁伦巴人(Gururumba)以及其他部族的常见活动。这些通常是为青春期男孩举行的团体性仪式,被认为可以清除他们身上的女性气质;在某些例子里,男子在妻子经期也实行私下的放血。[27] 对经期妇女实施隔离,以及禁止她们做饭和性交,在世界各地也非常普遍。即使在具体做法正在逐渐改变的情况下，人们往往还坚持其背后的原则。在瓦希玛（Vathima）婆罗门家族中，过去妇女在月经来潮时会被关在房子的后屋三天，这期间不做饭，不洗澡，也不外出。这对保持家庭的洁净至关重要。然而，如今许多年轻的瓦希玛妇女，特别是那些居住在城市里或在美国定居的妇女，拒绝遵守这种严格的限制。人类学家哈里普里亚·纳拉希姆汉（Haripriya Narasimhan）发现，这些妇女中许多人把她们的回避时间缩减到了上午的几个小时，或者把室内的活动禁区缩小到仅包括厨房。[28] 这给我们提供了与非洲南部的彩礼相似的，"传统的现代性"的又一个例子；事物变化得越多，就越能够保持不变。然而，血液并不总是被以这种方式性别化的。许多文化对血液有更细致的分类，你不能只是泛泛地谈论血液。例如，在赞比亚的恩登布，血液被分为五类：与分娩（出生）相关的和与妇女（一般而言）相关的——这些属于女性的血液——但也有和杀戮／谋杀相关；和动物相关；和巫术相关的血液。[29]

宗教。既然我们之前曾谈到过基督教，就让我们从基督的血说起吧。我们无需进一步观察就可以看到：血液在宗教中扮演着中心角色。当然，在基督教内部，我们也有对象征性的，在某些情况下可能是"变质"（transubstatiated）的圣餐和圣血的食用。这两个例子——受难和圣餐——都是净化和救赎的行为。在这里，血液的功能是净化而非污染。我们不需要再寻找更多的例子了，但如果我们这样做，就会看到，世界各地最重要的献祭仪式都是建立在流血的前提之上的。在大多数情况下，流的不是人的血液，不过在有些案例中，在类似于"终极献祭"的仪式中也会使用人血（如一项对西伯利亚楚科奇人 [Chukchi] 的研究中描述的那样）。人们更常使用的是有价值的动物的血液：如牛、山羊或驯鹿。在楚科奇人的案例中，虽然他们的终极献祭是自杀——老年人的自愿安乐死——但事实上这很少发生。更常见的是从鹿群中献祭某只驯鹿。*如果做不到这一点，他们就会献祭（销毁）驯鹿肉做的香肠。如果连这一点也做不到，他们就会用刀砍断一根看起来像驯鹿肉香肠的棍子。这一连串的转喻和隐喻联系是由血液连在一起的。[30]

政治。当然，另一种终极牺牲是一名士兵为了国家牺牲生命。在这里，亲属关系、宗教和政治着实交融在了一起。无数的政治家和雄辩家曾赞扬过那些为国家"流血"的人；同时也有无数反战口号和各种形式的抗议试图反转这个意象。例如"不用鲜血换石油"是 1991 年海湾战争期间最主要的抗议口号。让我们再一次转向印度，那里有一种绘画体

---

* 　祭祀本身被看作是对楚科奇人祖先的奉献，在楚科奇人的文化中，祖先对世俗世界拥有相当大的权力。牺牲往往是安抚性的，尽管在一些世界观中，这种行为被否认或忽视。但马塞尔·莫斯会长篇大论地讨论献祭的逻辑并不应让我们感到意外，它的许多形式都起到与礼物交换类似的作用。

裁专门描绘他们的民族英雄流血的场景。还有一种肖像画是用血而非颜料作为直接的表达媒介。所用的血液是志愿者自愿贡献的，他们将其视为一种爱国的牺牲。[31] 在更一般的意义上，有些国家在士兵、警察和医院工作人员中不同程度地实行强制献血。在巴布亚新几内亚的高地地区，尚比亚人（the Sambia）实行放血仪式（直到 1960 年代才终止）的另一个目的是要把年轻人变成战士。[32]

经济学。如果你经营银行或企业，你就需要有资产流动性（liqudity）。这是一个源于血液的隐喻，因为货币（或信用）是经济体系的"命脉"。有时，企业需要"注入"现金。我们可以谈谈经济的"心脏"。血液和金钱之间的联系并不总是好的："血钱"属于非法交换（用人命来换取金钱）。努尔人生活在现在的南苏丹，他们对金钱的看法非常负面，用"血液"的术语来表达就是"金钱身上没有血液"，他们这样说道。它的意思是金钱不能维系甚至帮助发展社会关系；它缺乏生命力，而努尔人认为人类和牛具有这种生命力。同我们所讨论过的其他群体一样，牛在努尔人的价值体系中占有特殊的地位，其部分价值与它们的血液有关；它是生命力的源泉，具有生产的能力。努尔人不认为金钱是一种好的投资；生活在一个自 20 世纪 50 年代中期以来几乎一直饱受冲突折磨的国家，金钱从来没有真正与产生"利益"的潜力联系在一起，它似乎只是一直在通货膨胀中丧失它的价值。[33] 泰国的抗议者在 2008 年全球金融危机后赢得了"红衫军"的称号，因为他们将身上穿的衣服浸泡在自己的鲜血中，以表明他们为国家利益做出的牺牲，以及从政府对新经济压力的处理方式中感受到的背叛；红衫军还把自己的鲜血洒到政府大楼上。[34]

所有这些与血液——无论是其物质形式还是隐喻形式——相关的例子都完美地包含了几项重要的人类学教益。首先，我们再次强调，在我们所说的"自然"和我们所说的"文化"之间作出区分并不容易。这个结论也可以延伸到亲属关系与性别、政治、经济和宗教这些概念彼此之间的界限上。所有这些标签和名称都是不充分的，其中**没有一个**标记出了某个明确独立的空间。"血液"的物质属性和象征符号属性与所有这些领域的结合清楚地表明了这一点。

第二，符号本身经常可以容纳看似截然对立或处于两极的联想意义。血液就是生命。血液就是死亡。血液可以净化。血液可以污染。维克多·特纳在讨论恩登布仪式中的象征符号时，特别注意到了象征的这一特点。[35] 就血液而言，"生命力"可能是连接他所说的"完全不同的能指"（disparate significata）的最高主题。象征的这个特点并不能成为怀疑论者的托词，以便他们认为所有这些讨论都是模糊和难以捉摸的，因而更偏好确凿的事实。符号的力量及其联想意义背后的逻辑，可能是最不可动摇的事实。

最后，身体本身，以及构成它的东西是我们具象化想象的核心资源。无论看向哪里，我们都会发现人们利用他们的身体作为隐喻和转喻的模板，借以巩固、扩展和探索他们对自己、对彼此之间的关系，以及对周围世界和头顶天空的了解。我们首先是在血液这个意涵最为丰富的例子中看到这一点，但母乳、心脏、肝脏、皮肤、头部、手（右手和左手通常是不同的）和眼睛等也具有相似的功能。我们的文化就是我们的血与肉。

第六章

CHAPTER 6

身份认同

我们无法以援引学术前辈来开始这一章。维多利亚时代的学者没有真正写过身份认同（identity）方面的内容。它不是个多年来恒久出现在人类学期刊里的概念，而且它绝对像"家庭"一样，是个要想针对它做出跨文化的比较，须得着实下一番功夫的词。

考虑到这个概念今天的重要性和流行程度，你可能会对此感到意外。从 20 世纪 80 年代开始到现在，许多人类学研究都与身份认同相关。这种转变产生的一个重要原因是，世界各地的人们开始从"身份认同"的角度来思考问题，并常常有意识地使用这个术语。身份认同是自我定义、政治动员和行动，以及政府管理的主要工具，当然，正如每个忧郁的青少年都知道的那样，它也是哲学思考的恒久主题。我是谁？

然而，"身份认同"（identity）并不是一个新词，它的一些主要的当代用法实际上已经存在了很久。《牛津英语词典》中"identity"的第一个义项是"在实质上相同的性质或状况"。这可以适用于任何东西——数字、西红柿、星星——但在过去的五六十年里，它在我们关于自我和群体之定义的词汇中占据了首要地位。《牛津英语词典》还强调，这种相同的状况或性质必须随着时间的推移而保持不变。这和身份认同定义相关的第二个方面同样重要。

人们一般认为，心理学家埃里克·埃里克森（Erik H. Erikson）的研究引领了这种转变。他在初版于 1968 年的《身份：青年与危机》（*Identity: Youth and Crisis*）[1] 一书中创造了"身份危机"这个概念。激发埃里克森对青年的兴趣的时代背景，是民权运动、黑人权利运动和女权主义的兴起，以及可能是其中涉及范围最广的 1968 年的反战和反建制抗议运动，这场运动的范围从墨西哥一直延伸到捷克斯洛伐克。在所有这些事件中，身份政治都成为批评和自我定义的有力工具。以马尔科姆·X（Malcolm X）为例，他取这个名字是为了表明他本来的名字马尔科姆·利特尔（Malcolm Little）不属于他自己或他的家族，因为他的祖先在被奴隶贸易贩卖到美洲的过程中被抹去了本名，才被殖民者强加了这个姓氏。这种对名字的强调是讨论身份认同的一种常见路径：它表达了一些我们常常认为是长期根植于我们内心深处的东西，即使环境或历史的力量试图压制或抹去它。从弗朗茨·法农和其他反殖民知识分子的作品中，我们也可以看到对身份认同的关切。从巴西、博茨瓦纳到危地马拉和美国，身份政治成为反殖民运动以及原住民群体与民族国家之间关系的斗争的核心。

　　观察埃里克森的研究生涯，可以帮助我们理解这种风向的转变是如何逐渐发生的，即使是在相对较短的时间内。虽然他关于身份和青年的观点可以用于分析 20 世纪 60 年代的时代精神，但它们实际上是根植于更经典的人类学关怀之中的。20 世纪 30 年代，在其职业生涯即将开始的时候，埃里克森与人类学家梅克尔（H. S. Mekeel）一起在奥格拉苏保留地（Oglala Sioux Reservation）进行了一项关于教育和儿童心理学的研究。埃里克森关于苏人（Sioux）的工作在几个方面上都很有意思，尤其是他对"文明教化使命"给奥格拉儿童心理健康造成的影响所持的批评立场。他在初版于 1950 年、公认是他最具影响力的作品《童年与社会》（Childhood and Society）一书中讨论了其中的一些内容。这本书有几处提到了身份认同，包括埃里克森对苏族人在多大程度上被"剥夺了形成集体身份认同的基础"的担忧。[2] 然而，在他 1939 年发表的一篇基于近期和梅克尔的合作的文章中，他完全没有明确提到"身份认同"这个词。[3] 但是到了 1968 年，身份认同就已成了头号热门话题。

　　那么，在这三十年间发生了什么变化呢？如果我们用埃里克森的作品作为风向标，它说明了什么？其一是我们开始在更大的程度上把自己视为享有权利的个人。从这个方面来说，这是至关重要的三十年。

我们可以将现代权利话语的历史追溯到 17 世纪的英国，当然还有美国和法国的革命。然而，最充分和完整地呈现了权力话语的，还要数《世界人权宣言》（UDHR），它是 20 世纪最重要的文件之一，而且恰好能够作为我们所谓的"现代主体"的一个非常有用的标识物。《世界人权宣言》于 1948 年获得联合国批准，它提出了一个非常具体的人性图景，其中的基本单位是个人。《世界人权宣言》中几乎所有的条款都以"每个人"一词开头。每个人都拥有生命权、言论自由权、信仰自由权、人格发展权、行动自由权、拥有私人财产权、和平集会权和工作权，甚至带薪休假权（第二十四条）。诚然，《世界人权宣言》中也提到了"国家"，甚至"文化"，但只是在它们可能有助于实现，或可能阻碍对每个人的个人权利的认可这个意义上被提及的。家庭也简短地出现了（作为"社会中自然和基本的群体单位"），接近结尾的一处还提到了责任（与权利有很大不同，因为责任要求个人采取行动）。但"个体"比其他一切都重要。

在《世界人权宣言》中，"个体"指的就是"个体的人"。*然而，当我自己强调"个体"时，我指的并不仅仅是有血有肉的一个个人类。我指的同时也是有边界的群体或文化的概念。当我们谈论"个体"（individuals）时，我们说的经常其

---

* 《牛津英语词典》中"个体"（individual）的第一个义项是"实体或本质上的同一"，它几乎与"身份同一性"（既 identity）同义。

实是"个人"（individual people）：约翰、赛琳娜或友子。我们常常把"个人"和"人"视为同义词，这一事实证明了以人为中心的联想模式已经变得多么重要。但我们不应该忘记，"individual"经常是个形容词"单个的"而非名词。我们可以说单颗的嘀嗒糖、单只的鞋子，甚至，没错，还会说单独的组织。这一点之所以重要，是因为到了20世纪70年代，人们已经清楚地认识到，群体权利——有时也称为文化权利——与人权（个人权利）一样是迫切需要关注的问题。《世界人权宣言》的一个主要缺陷就是它没能涉及这一问题。它的写作方式暗示了人们可以脱离文化背景生存。博厄斯学派是《世界人权宣言》最早的反对者。对他们来说，这个文本没有任何意义。他们还觉得，假定每个人都是曼彻斯特或底特律的工厂工人，并以此为基础来架构权利体系是荒谬的（别误会，带薪假期一点问题都没有。但如果你是个瓦哈卡 [Oaxaca] 的农民，这就完全是无稽之谈了）。

20世纪中期的另一个重要转变是，对自我和群体的理解越来越多地被置于我们现在所说的"全球化"的框架之下。在人类学中，全球化被定义为创造"一个高度互联的世界——资本、人、货物、形象和意识形态的快速流动将全球越来越多的地方吸引到相互联系的网络中，压缩我们对时间和空间的感知，使我们感觉世界变小，距离变短"。[4] 这里有很多东西可以展开说。不过，在现在这个阶段我想说的是，这种高度互联的一个影响是迫使人们思考身份认同的问题。我们都变得一模一样了吗？全球化是在强行弭平差异，代之以整齐划一的景象吗？

面对这些问题，一种反应是坚持强烈的文化认同。以伯利兹（Belize）为例[5]，20世纪80年代末和90年代初，越来越多的伯利兹人家里安装了卫星电视。在相对较短的时间内，伯利兹与其前殖民宗主国英国之间的联系就被破坏了。当地人民不再依赖由后殖民国家广播系统提供的电视内容，其中许多都是从BBC和美国广播网回收的旧节目和过时节目。在重要的方面上，当地人开始感觉自己与更广阔的世界有联系——或者说，感觉自己可以和其他人一样参与到当下中来。卫星电视是实时直播的；它并不是在转播别人的节目，也没有延迟，在此之前，只能看延迟的转播节目给伯利兹人打上了"落后"的标签——一种挥之不去的殖民地意象。突然之间，他们开通了有线新闻频道，还可以收看美国的棒球比赛（非常受欢迎）。卫星电视是进入全球舞台的标志，在重要的方面上起到了赋权的作用。但对一些人来说，这也引发了他们对伯利兹身份认同的担忧。我们部分地能从这个时期里发生的另一个转变看出这点：伯利兹音乐传统，包括"朋塔摇滚"（punta rock）风格（跟卡利普索 [calypso] 风格有点像）的飞速流行。而在旧的殖民地关系模式下，这种本土音乐被视为某种古怪落伍的东西，而现在它成了真正的兴趣和骄傲的来源。它是特别的；是一个展示本土才华的渠道，也是对"世界音乐"这个不断扩张的音乐流派的贡献，但它不会在MTV台播出 *。

从这里我们学到的是，全球化并不必然导致文化差异的丧失。人类学家经常发现，文化同质化的威胁，无论是真实存在的还是想象出来的，都是确保新的文化繁荣的最佳途径。有时人们会重振传统，如伯利兹人对传统民乐的复兴。有时他们会发明传统。通常他们会将两者结合。这样想：小提琴（violin）也可以称为民俗提琴（fiddle）。如果你是维也纳人，你可能会期望它是用来演奏协奏曲的。但在科克郡（County Cork）或埃尔金斯（Elkins）或西弗吉尼亚州的演奏家手中，你的这种期待不可能被满足。弦乐器的传播并没有成为全球化辩论的一个主要焦点，但我要证明的这个观点，同时也适用于从电视、手机、可口可乐到由联合国组织和致力于人权运动的非政府组织分发的《世界人权宣言》小册子等许多其他的东西。

我是以一种高度概括的方式呈现伯利兹这个案例的。隔着如此遥远的距离，人们很容易承认一个民族的身份认同是

---

* 世界音乐当然是个将所有非西方的音乐形式一股脑囊括进去的"包罗万象"概念。迈克尔·杰克逊不属于"世界音乐"；津巴布韦流行歌手托马斯·马普弗莫（Thomas Mapfumo）才是。如果你停下来琢磨一下的话，这很奇怪，因为迈克尔·杰克逊才是那个在全世界都很受欢迎的歌手。这绝不是说托马斯·马普弗莫的出色成就是微不足道的。但它告诉了我们是谁在发号施令和定义标签。

可以改变的。所有身份都随着时间的推移而改变，这部分与历史和社会因素有关。在英国殖民统治和全球化的突出背景下，即使是像一个新的电视平台这样看似简单的事物，也能促成这种变化。

事件的发生在身份认同的等式中总是很重要。环境、视角和地点也是如此。似乎每个曾就身份问题写作的社会科学家都提出过这一点。身份是相对的。它会参照他者来校准自己的位置。当我在加纳时，我说我来自美国（但我住在伦敦）。当我在美国东海岸地区时，我说我来自纽约，但如果我在加利福尼亚，我可能会说我来自东海岸。当我在纽约时，我说我来自州府都会区。当我在州府都会区，即奥尔巴尼地区（Albany area）时，我说我来自斯克内克塔迪（Schenectady，发音为 [skə'nektədeɪ] 以防你不会念；在莫霍克语 [Mohawk] 里是"松林外"的意思）。当我在斯克内克塔迪的时候，我说我来自公园附近的街区，或者说我曾在林顿高中（Linton High School）上学之类的。如果在这些地方和我交谈的人是位人类学家同行，而我们又说到了斯克内克塔迪这一步的话，我可能还会提及路易斯·亨利·摩尔根在那里读过大学。这些都是"身份"——或者至少是朝向身份识别的努力——而且这些身份都是我。

还有网络社交媒体的增长，这些媒体让用斯克内克塔迪和路易斯·亨利·摩尔根为自己的身份定位的行为看起来像是小孩子的稚拙游戏。人类学家对网络社交生活和虚拟世界的研究展示了我们如何充分利用网络空间和其他媒体来构建新的身份。以《第二人生》(Second Life)为例,它是运行时间最长的虚拟世界之一,现在有超过100万的用户。在《第二人生》网站上,人们被邀请加入并创建他们的"化身"——他们的网络存在。我们被告知:"随时随地、随心所欲地创建、定制和完全改变你的虚拟身份。"[6]在《第二人生》中做田野调查的人类学家汤姆·波尔斯多夫(Tom Boellstorff)告诉我们,在里面男人们可能会以花栗鼠、精灵和性感撩人的女人的身份示人,一个成年人也可以将自己的身份设定成小孩子,甚至被"虚拟地"(vitually)收养。[7]然而,对虚拟世界的人类学研究清楚地表明,事情发生在虚拟世界中,并不意味着它不是真实的,也不意味着一切只是游戏所以无关紧要。一位女性在《第二人生》的宣传视频中说:"化身代表了我内心中真正感觉自己是的那个人"。[8]正如波尔斯多夫等人所指出的,虚拟身份正在成为真实。它们代表了一种更普遍的趋势,即把自己看作自我塑造的产物。于是,那个刻板印象中的青少年问题——**我是谁?**——正在被一个更开放的后现代问题所补充:**我想成为谁?**

回到种族问题

然而,尽管人们普遍认识到身份可以改变并且是情境性的，但人们仍有一种根深蒂固的倾向，即认为身份是固定、持久和难以抹杀的，即使在一个由享有权利，并可以自由表达其个性的个体组成的全球化世界中也是如此。记住，流在血里的东西是藏不住的！这不是在珍妮特·卡斯滕所使用的那种微妙的意义上，而是我们在种族主义和一滴规则的逻辑中见到的那种简单粗暴的思维方式。

在这里，我想回到种族问题，因为每当谈到这类与身份认同相关的问题，它都是对人类学家提出的最重大的挑战之一。一方面，人类学研究可以用来表明，从生物学角度来说，种族是一个迷思。而另一方面，就像所有迷思一样，它也具有重要的文化意义。种族本身可能是个迷思，但作为概念的"种族"仍然是一个强大的类别。

这个领域的标志性研究之一是阿什利·蒙塔古（Ashley Montagu）出版于1942年的著作《人类最危险的迷思：种族谬误》（*Man's Most Dangerous Myth: The Fallacy of Race*）。蒙塔古是弗朗茨·博厄斯和鲁思·本尼迪克特的学生（虽然他是从马林诺夫斯基在伦敦的研讨会上接触到人类学的）。他的研究涵盖的材料范围之广令人难以置信，从生物科学研究到思想史——后者清楚地表明，现代的种族概念植根于欧洲殖民主义。当然，就科学而言，1942年的证据基础没有今天这么广泛。到了20世纪90年代，体质人类学家和遗传学家已经清楚地表明，从生物学角度来说，人类只有一种；用更专业的语言来说，就是不存在人类的"亚种"。特别是与其他大型哺乳动物物种相比，人类种群中的遗传多样性很小。此外，关于不同进化谱系（非洲或是欧亚）的假说——在蒙塔古的时代更为常见——受到了通过分子遗传学追踪进化历史这个领域的研究进展的质疑。正如该领域一位著名的研究人员所说："全人类（是）一个单一的世系，有着共同的长期进化命运。"[9]

在第一章中，我提到了鲁思·本尼迪克特支持同一观点的论述。当然，本尼迪克特没有今天我们能够获取的遗传学和进化生物学数据；她更多地是以文化和习俗作为论据。然而，做出这套论述很重要，并且她针对的是弗吉尼亚州的州登记官这样的人。他们反对所谓的异族通婚的立场是基于种族主义主张的，即任何人只要携带一滴"有色人种的血液"，那么"黑鬼特征"（Negro type）就会在他们身上出现。为了反驳此类将种族和文化行为相关联的论点，本尼迪克特使用的一个例子是假想中的"跨种族"收养。她写道："一个被西方家庭收养的东方人孩子也会学习英语，向养父母展示出与那些当下和他一起玩耍的孩子们相同的态度，并在成长过程中做出和他们一样的职业选择。他会习得收养他的社会的一整套文化特征，而他真正的父母所在的群体却不会在其中发挥任何作用。"[10]所有这些论述都是为了服务于她反种族概念和反种族主义的观点："文化不是一个生物学传播的复合体。"[11]不存在什么"流在血里的东西"可以显露。没有真正的黑人、白人、西方人、东方人或其他这类的种族身份。

然而，本尼迪克特通过转向文化来摆脱种族生物学的尝试是一种误导。在美国、英国或任何其他东西方文化遗产同时存在的现代国家，你可以非常肯定，孩子"真正的父母"所具有的"文化特质"将在确定身份方面发挥**主要**作用。没错，这不是因为流在血里的东西必定藏不住。而是因为这个孩子身边的许多西方人会认为——不管他们是否说出来——这个孩子的血缘的确意味着某种东西。这会迫使孩子思考他与他的种族身份的关系问题，即使这也意味着他会落入两者之间的尴尬处境。

在前文关于种族和文化的讨论中，我还提到了同时代的李·贝克的研究。贝克是杜克大学的教授，他的大部分著作都与人类学的历史相关，并特别关注那段博厄斯和他的学生参与的，关于种族和文化的辩论。然而，我现在要着重讨论贝克的个人经历，因为他在一部著作中用它来证明和身份认同相关的一个重要观点。[12] 贝克是非裔美国人，但他被一个白人（瑞典路德宗）家庭收养，在俄勒冈州一个几乎都是白人的社区里长大。然而，从很小的时候起，他就开始从种族的角度思考作为一个黑人的问题。这始于那些收垃圾的人——据他的自述，这些人是在 1969 年他三岁时，遇到的仅有的其他"黑人"（negro）。他对这些人的认同感不是来自内心，而是来自他周围的环境——那些说出口的和没有说出口的话，有时来自他充满爱意和善良动机的父母，有时也来自学校里怀有恶意的残忍同学。他告诉我们，在从童年到上大学这段时间里，他一直在"努力当一个黑人"。他写道："必须要么学会表演成白人，要么效仿黑人的想法，一直在我的社会化过程中占据着最重要的地位。"[13]

贝克不可能是本尼迪克特假想的那个被收养人。虽然在本尼迪克特的宏图中，人类学家可以庆贺自己成功揭示了种族概念只是文化建构的产物，但危险在于我们假定自己对这一事实的了解，能对整个世界产生决定性的影响。用贝克的话说就是，"种族在美国既是一种彻底的假象，同时又是一种坚固的现实"。[14]生物学上的虚构；文化上的事实。遗传学家和生物人类学家也认识到这一点。在近期发表在《科学》杂志上的一篇论文中，一组研究人员确切地承认了贝克提到的悖论。他们认为，我们不能忽视种族身份在某种程度上具有文化意义，但"美国国家科学院、工程学院和医学院应该召集一个包括生物科学、社会科学和人文科学的专家小组，就如何研究人类的生物多样性提出建议，以摆脱将种族作为实验室研究和临床研究中的分类工具的做法"。[15]

马什皮的身份认同

没有什么案例能比马什皮（Mashpee）印第安人更能证明

现代身份认同的混乱状态了。[16] 马什皮是马萨诸塞州科德角（Cape Cod）的一个小镇。1976年，马什皮瓦帕侬（Mashpee Wampanoag）部落理事会代表约300名成员，向联邦区法院提出申请，要求获得对约四分之三乡镇土地的权利。他们的这一举措是当时美国境内一个更大范围运动的一部分，即美洲原住民要求土地和主权的运动，特别是在东北部地区。事实上，此事是这一波浪潮的开始。从巴西到印度再到澳大利亚，世界各地的原住民群体都纷纷宣称对土地拥有权利和主权。到1980年代初期，"文化权利"的概念开始出现，并与人权共同成为一个具有强大道德力量的重要问题。而这些权利主张的力度往往取决于将他们召集在一起的身份政治的力量。

其中许多努力都取得了成功。澳大利亚在1976年和1981年制定了几个重要的土地权利法案。在巴西，1988年宪法正式承认了原住民的权利（这并不是说它导致了即刻的转变）。在危地马拉，里格贝塔·曼珠·蒂姆（Rigoberta Menchú Tum）于1983年出版了自传《我，里格贝塔·曼珠》（*I, Rigoberta Menchú*）并引起人们对玛雅人困境的关注，可以说他成了第一个"全球原住民"。然而就马什皮人而言，有一个初步问题需要回答：首先，他们能否被合理地识别为一个原住民群体？他们有自己的文化身份吗？

马什皮自1869年建立以来就被认为是一个"印第安城镇"。而且自清教徒时代起，马什皮就与一个曾被叫作南海印第安人（South Sea Indians）的团体有联系。这种承认是非正式的，但在 20 世纪 60 年代以前，印第安人家庭一直主导着乡镇政治，这使得他们能够享有某种主权和自治。然而，在 1960 年代，随着科德角成为一个越来越受欢迎的旅游和养老目的地，该镇的人口平衡发生了变化，印第安人失去了对政治的控制，也失去了人口上的多数地位。直到 20 世纪 60 年代，印第安人与白人的比例一直是 3∶1。而到那个十年结束时，这个比例几乎变成了 1∶4——情况完全逆转了。虽然印第安人最初对旅游业带来的新税收和商业收入表示欢迎，但后来关于过度开发的怨气就变得越来越多，特别是他们还因此失去了过去狩猎和打鱼的土地。部落理事会于 1972 年成立，并与 1974 年向印第安事务局提出认证请求。

长期以来，是马什皮的政治控制权为人们提供了一种群体认同感。该地区大多数人理所当然地承认并接受了这一点。然而除此之外，马什皮瓦帕侬文化并没有很多明显的区别性特征。尽管曾有过几段文化复兴时期，但都是偶然的。虽然一些文化传统幸存下来，或者影响了人们的生活经验，但它们很罕见而且互相之间缺少联系。他们的政治结构本身不是"部落"式的；印第安人的统治基本上依靠小镇的习俗和州法律。原住民语言万帕诺亚格语（Wôpanâak）或马萨诸塞语（Massachusett）在 19 世纪时已经消亡，所以并不存在语言上的纽带。这里也没有牢固的原住民宗教传统：大多数印第安人都是浸礼会教徒。

联邦法院的审理程序持续了 41 天，在此期间，原告们试图描绘一幅"部落身份认同"的图景。这一图景并未消失，而是浸入到了新英格兰地区更广泛的社会和政治动态中，并对其做出了灵敏的调整和反应。追溯到清教徒时代，部落委员会认为当初他们的祖辈皈依基督教只是为了生存。皈依能帮助他们融入当地和区域经济，在马萨诸塞州发挥作用，是至关重要的明智之举。否则他们怎么可能生存下来？为了加强他们的论点，印第安人可以指向那些复兴出现的时期，包括 19 世纪 60 年代和 20 世纪 20 年代。换句话说，对原告来说，他们的印第安人身份一直是持续的，而且是真实的，但由于被殖民民族经常身处权力上的弱势地位，因此他们没有许多明显的外部特征。

辩方律师则采取了截然不同的策略，辩称原告部落理事会所描绘的，在面对外部压力时保持核心身份完整的努力，实际上只是"美国故事"的另一个版本。马什皮的印第安人已经变成了美国人。他们已经被这一体系同化，因此不能正当地宣称他们不是美国人。他们的文化在哪里？

原告传唤了几名人类学家作为专家证人。辩护律师（更不用说法官）把他们问得狼狈不堪，节节败退，因为人类学家拒绝按法庭系统要求的以"是"和"否"来作答。文化，正如我在这本书中不厌其烦地解释的，不是一件容易描绘或定义的事物；文化身份不能被简化为打勾或打叉的是非题。简而言之，辩方称这种身份认同并不存在。马什皮人看起来不像美国大众想象中的印第安人，听起来不像印第安人，行为也不像印第安人。简而言之，马什皮不够有"文化特性"。他们的观点赢得了胜利。马什皮人败诉了。

马什皮案处于原住民身份政治的灰色地带。那些更为黑白分明的案例成功地满足了我们在《牛津英语词典》中找到的对身份认同的定义——在实质上相同的性质或状况，而且在时间的推移中保持不变。当法庭、政治精英或任何主流公众成员被要求考虑马什皮人提出的这类要求时，他们期望看到的往往是能够被展示出的、丰富多彩的差异。

如果想成为原住民，你需要展现出显著的不同。你得是"传统的"，在字面意义上把你的文化"穿戴在外"。同样的逻辑也适用于环球旅游业。如果你去过肯尼亚的野生动物园木屋或巴厘岛的度假胜地，很可能你一下大巴车，就会有一群"当地人"围上来迎接你。他们会随着传统音乐起舞，张开双臂欢迎你。不过，如果你停下来想一想，你就可能会意识到，在你的大巴车离开后，而下一趟车还没来的时候，那些当地人可能会掏出他们的智能手机刷刷脸书。

身份和种族一样，既是一种彻底的幻象，也是一种坚固的现实。身份就像种族一样，我们既把它当作自然的，又当作人造的。我们假设它存在于人的内心深处，但我们也承认它是一种表演——有时是字面意义上的——例如，在肯尼亚的野生动物园木屋跳舞的马赛人（Masai），或者是《第二人生》中的花栗鼠人——有时则更多地是在探索日常生活和社会期望这个意义上，正如贝克所解释的，自己在美国长大成人的经历。

语言意识形态

如果 20 世纪 70 年代马什皮人还会说马萨诸塞语（Massa-chusett）——哪怕只有社区里的少数老年人还在说——他们的案子将无疑更有胜算。语言和文化常常被看作一个硬币的两面。就像血统一样，它常常被理解为人格和身份构成的本质，就像你脸上的鼻子一样重要。母语；母乳；血统：这是一个清晰的比喻链条。

在人类学的四个领域中，社会文化人类学和语言人类学往往有着最紧密的联系。从社会和文化人类学家的角度来看，这是有实际意义的。你可以在伦敦或拉格斯（Lagos）做你大部分的田野调查，而且不需要借助古病理学记录或用碳素测定年代的罐子碎片。但是你不可能不注意语言。

并非所有的语言人类学都涉及田野工作，或者密切关注正在使用中的语言。你从语法、句法或抽象的班图语（Bantu）名词类别的比较结构，即从文本资料和记录中学习到的东西是有价值的，但它能告诉你的东西，和研究日常生活中的语言使用所得到的东西是完全不同的。这个区别有时被称作 langue（语言）和 parole（言语）的区别，这两个标签出自索绪尔的工作（他专注于 langue）。然而，语言人类学的大部分研究都聚焦在语言的使用——parole——上，因此它有时也被称为社会语言学，换一种更术语化的表达方式就是语用学。这个研究传统的兴趣之一，就是语言使用者如何理解其文化价值。

在过去的四十年里，语用研究中成果最丰富的领域之一就是专家称之为"语言意识形态"（或"语言学意识形态"）的东西。[17] 我想在这里花些时间来解释这一点，因为它非常有助于理解身份认同研究的文化进路。事实上，更一般地来说，如果你了解一些关于语言意识形态的内容，你就会对文化的运作有出色的洞察力。

我们都有一套语言意识形态。我们可能不知道，或者没有想到过它，但我们确实有。基本上，这意味着我们对语言的结构、意义和使用都持有一定的假设或信念。我们的语言意识形态能够显示出我们如何理解一些事情，比如事物的秩序和权威的本质，什么价值观是重要的，甚至我们是如何看待现实的。

语言意识形态的一个常见的例子，就是像我在这本书的其他几个地方所做的那样，引用《牛津英语词典》中词语的定义。[18] 这告诉了我们什么？我认为——或许我认为**你**会觉得——字典定义告诉了我们单词的真正含义。这反过来告诉我们，我——或者你，或者我们——假定真理或真实是由专家提供的文本信息所授权判定的。我从来不会写下："正如我妈妈曾经告诉我的那样，**同质性（identity）就是实质上相同的性质或状况**"——如果我希望你把这个定义看作定义，我就绝对不会这么做。在这类问题上，与人相比，我们更相信书本，与普通人——哪怕是我们的母亲——相比我们更相信专家（尤其是牛津大学出版社的专家？）。

另一个很普遍的例子与此相关，也是我在这本书中做过的事情：追溯词语的词源。"在它**最古老的、来自拉丁语的用法中**，'savage'的意思是……"我在第二章写下过一些非常类似的内容。这告诉我们什么？这意味着我认为，或者我认为你会觉得，一个词的真正含义也与它的原始用法有关。在我使用一个词的时候，这个词的一些隐藏的原始形态往往会让人觉察到。例如，"宗教"（religion）这个词来自拉丁语中的religare，是"联系"的意思，以及religio，是"神圣/崇敬"的意思。啊，没错！宗教是关于社群的——以及人与神之间的联系！——还有那些神圣的东西。这就概括了宗教的关键要素。当然，在西方，拉丁语和希腊语有着特殊的威望（这反过来显示出我们对古代有特别的重视）。这也说明意义的形而上学在我们的集体意识中持续存在。我们当中那些坚定的无神论者不应该自欺欺人地觉得，只有天主教的主教才能认为"婚姻"有一个"真正的意义"。

还有许多其他的例子。事实上，我最喜欢的一个例子就和一位无神论者有关——喜剧演员兼作曲家蒂姆·明钦（Tim Minchin）。他是那种把"不信"当作使命来传播的无神论者，而不只是那种独善其身的无神论者。有一次，为了证明他的观点，即超自然或神秘的事物是不存在的，他在一个文学节上对满场观众说道："我希望我的女儿明天死于车祸。"[19] 现场顿时能听见许多观众倒吸一口凉气的声音。他这样说，充分体现了英语意识形态的一些特点。第一，我们所讲的话应该是真诚的；我们倾向于把语言看作真理的媒介。你要说你真正想表达的。强调这一点不是他说这些话的本意，但他的话仍然体现出了这层意思。他真正想说的是关于我们语言意识形态的第二个方面，那就是认为我们讲的话不仅可以对他人产生实质影响，而且可以对事态的发展产生实质影响。"如果你说不出好话，就什么也别说。"这也是为什么当我们说了一些事情，然后担心它不会发生时，我们就会说"摸木头"或者真的去摸木头＊。"他会得到这份工作的！摸木头。"没有多少人知道为什么他们会说"摸木头"，但在这种情况下这没有关系：重要的是这种咒语式的表达，"魔法"

＊　英语文化中认为触摸木头可以带走厄运。——译者注

的效果。这正是一个狂热的无神论者想要挑战的。明钦试图将听众们从充满迷信、语言意识形态化的昏昏欲睡状态中解脱出来。他试图说服他们（a）没有超自然力量在那里一直听着，只等着你说出一些鲁莽的话；（b）在任何情况下，这种话对此后的事态发展均无任何影响（这也是为什么狂热的无神论者认为祈祷是不理性的行为）。

在过去的 20 年里，许多语言人类学家都为绘制现代西方社会语言意识形态的宏观地形图做出了贡献。[20] 他们认为，简单地说，我们在当代西方发现的语言意识形态有两大类型：本真性（authenticity）意识形态和匿名（anonymity）意识形态。虽然在某些方面两者是完全不同的，但在最近关于加泰罗尼亚语言意识形态和身份政治的一项重要研究中，人们发现它们有一个共同的基础，即凯瑟琳·伍拉德（Kathryn Woolard）在她近期的一部研究语言意识形态的重要著作中所说的"社会语言学自然主义"。[21] 我想在下一节中回到对这项研究的详细描述，但现在让我们先来关注一般性的论点。

本真性意识形态与我们在本章中已经讨论过的许多内容有关。它建立在本质主义的基础上，暗示着我们的语言表达了我们作为个体和整体的某种本质。"本真声音的主要意义在于它标识了说话的人**是谁**，而不是所说的话**是什么**。"[22] 在流行文化中，有一些关于这类刻板印象的经典案例：这位风度翩翩的法国人，其风度和他悦耳流畅的甜言蜜语联系在一起。

这位深刻的俄国诗人，其深邃的思想和用语言捕捉冬日阳光所显露出来的事物的能力，与她的诗句息息相关。但强调本真性的动力往往来自身处少数人群的地位。例如，它一直是魁北克和布列塔尼（Brittany）民族主义运动的核心。在少数族群社区，特别是在贫困的城市地区，这种现象也很普遍。阶级也可以是一个重要的决定因素，并且可以从人的口音和发音中体现出来。在所有这些情况下，语言的语域都与当地的社群特征挂钩，牢固地根植于一个地方，并经常表达一种特殊的特征或感性。我们可以从伦敦东区（Cockney）口音、纽约居民或西海岸说唱的特殊表达，以及索韦托（Soweto）俚语的特性中看出这一点。正如我们可能猜到的那样，这种本真性是无法被习得的。你要么有本真性，要么没有。然而，这并不能阻止一些人试图"获得本真性"或想要"放下身段""和普罗大众打成一片"。主流政治人物经常在这方面出丑。在他的整个政治生涯中，托尼·布莱尔都因为他时不时地想从带有牛津和威斯敏斯特特权阶层的一本正经的英语口音，滑向属于"社会中坚力量"、真实的民众和工人阶级式的"码头英语"而受到嘲笑。在这些时刻，他试图听起来像个来自巴兹尔登（Basildon）的男孩，虽然每次他这样做，都似乎只是让自己更加惹人讨厌了。

匿名意识形态就是隐藏在占主导地位的语言合法性背后的东西。英语是世界上最为通行的语言。在许多情况下，人们并不期望它标记具体位置，而是期望它超越任何具体位置——成为一种属于所有地方，同时又不属于任何地方的语言。因为英语成了全球通用语，以英语为母语的人——尤其是在英国——曾不得不出于这种全球性的认可，而放弃一些最强烈的对本真性的要求。诚然，很多人，也许特别是美国人，都喜欢一口纯正的英式口音。但是那些讲英语的美国人会认为自己和休·格兰特甚至伊丽莎白二世女王在同样的程度上"拥有"英语。这种意识形态对于公共领域的正常运作是极为关键的。在这里，它不仅仅是关于像英语或西班牙语这样的全球语言，而且是关于任何占主导地位的语言，如何在一个包括不同群体或社群的政治舞台上发挥作用。印度尼西亚语是另一个很好的例子，因为它是为了在一个有 300 多种语言的岛屿国家创造一种共同的沟通媒介，而人为创造的。

正如我们可以理解的那样，本真性和匿名性这两种意识形态常常适用于同一种语言；区别取决于间隔的程度或上下文语境。如果你来自埃塞克斯（Essex）的巴兹尔登，你完全有可能：（a）因为托尼·布莱尔试图说起话来就像他是在你家隔壁长大的那样而感到厌烦；（b）同时支持联合国以英语作为通用语言，因为你会承认它平等地属于每个人。事实上，如果联合国秘书长以葡萄牙语、韩语或阿肯语（Akan）发表公开讲话，特别是向国际或全球听众发表公开讲话的话，可能会被视为分裂或排外的表现。

这两种意识形态的基础，就是伍拉德所说的社会语言学自然主义。这意味着所讨论的意识形态被认为是自然的、给定的。换句话说，本真性或匿名性的权威并不被看成是人为选择、政治工程或经济环境的结果。

从人们到表演

如果说在 20 世纪 30 年代到 60 年代期间，我们看到了诉诸身份认同话语数量的上升，那么从那以后，其他的转变也发生了。就研究而言，人类学家仍然经常会发现一种期望或预设，即文化身份认同就是这样的——它们不能真正地被改变。异国情调仍具有很高的溢价；马赛人仍然可以在野生动物园营地里找到兼职，为英国游客跳舞。

但在 21 世纪初期，一种更具表演性的身份认同观获得了广泛的关注和认可。这一点不仅在《第二人生》化身们所在的虚拟世界中显而易见，而且在一个最出人意料的地方，也就是欧洲民族主义运动中，也能发现这个趋势。

民族主义在欧洲并不总有一个好名声。除了某些例外，大多数民族主义者在政治上都是右翼分子，而且往往是极右翼：例如匈牙利的尤比克党（Jobbik），法国的国民阵线（Front National）和英国国家党（British National Party）等。

这类政党公开地或以吹狗哨﹡的方式进行仇视异族的勾当。他们对身份认同的理解，是那种 20 世纪特有的、"流在血里的东西终将显露"式的，而他们对语言的理解和使用是建立在本真性和社会语言学自然主义的意识形态之上的。英国国家党甚至会反向使用帝国话语来补充自己的论点：他们网站上的一篇文章说，伦敦的陶尔哈姆莱茨区已经被第三世界移民"殖民"，而"原住居民"失去了自己的家园。[23]

加泰罗尼亚则不同。1978 年，弗朗西斯科·佛朗哥的独裁统治垮台后，西班牙通过了一部新宪法。加泰罗尼亚从此成为 17 个"自治社区"之一，可以行使相当大的权力，并享有高度自治。就人口而言，加泰罗尼亚是西班牙最大的社群之一，也是最富裕的之一。加泰罗尼亚语（Catalan）有别于西班牙语（或用西班牙人自己的叫法，卡斯蒂利亚语 [Castilian]）；它不像人们有时误认为的那样，是西班牙语的一种方言。早在 20 世纪 80 年代，加泰罗尼亚语的权威性就建立在前文描述的本真性意识形态之上。加泰罗尼亚人这一身份属性被认为是天生的，而不是被塑造的。然而，随着时间的推移，这种情况发生了变化，对本地根基和"母语"的极度重视渐渐让位于一种更加灵活的归属感和认同感，而后者中的本真性是可以被创造的，而不只是个既成事实。

﹡　比喻在面向大众的信息中隐藏一些指向特定人群的信息，常指政治家用隐晦的语言取悦某类受众。——译者注伍拉德于 1979 年，也就是后佛朗哥时代的初期，开始研究加泰罗尼亚身份政治。对语言人类学家来说，这是个非常明智的田野点选择。加泰罗尼亚语作为一种语言，有着庞大而稳定的母语使用者群体；它在加泰罗尼亚民族主义者的政治活动中也扮演了关键角色，被用以彰显加泰罗尼亚的独特性。此外，由于加泰罗尼亚的经济实力相对于西班牙其他地区而言更加雄厚，因此其语言和身份具有一定的声望价值。但加泰罗尼亚语母语者不仅仅是整个西班牙大背景下的少数族裔；在自治区内部，也有大约四分之三的人口是 1900 年之后才移居到这里。即使在今天，这里也只有不到三分之一的人口将加泰罗尼亚语作为第一语言；而有 55 % 的人以卡斯蒂利亚语为母语。[24]

从自治初期开始，加泰罗尼亚的新政府就实施了一系列语言政策，以增强一种明确的民族认同感。其中大部分是通过教育系统实行的。20 世纪 80 年代，学校越来越多地被要求开设加泰罗尼亚语课程，一开始是作为选修课，但最后政府要求学校以其作为主要的教学语言。到了 21 世纪前十年，大部分课程都是用加泰罗尼亚语授课的了。

鉴于教育政策对伍拉德所说的加泰罗尼亚"身份认同计划"（project identity）的重要性，她花了大量时间在学校进行田野调查也就不足为奇了。1987 年，伍拉德在一所高中里研究了一个班级的青少年，人们普遍认为这个班的学生在观念上是亲近加泰罗尼亚的。学校招收了各种不同类型的孩子，所以来自加泰罗尼亚语和卡斯蒂利亚语家庭的孩子都在一起上学。其中讲卡斯蒂利亚语的学生往往是工人阶级移民的子女或孙辈。伍拉德的发现大体上证实了我们在其他地方所看到的情况，即认同政治是用本质主义的术语来界定的。讲加泰罗尼亚语和讲卡斯蒂利亚语的人通常被认为是不同的，后者来自工人阶级家庭，不被认为是本地人（即使他们已经在那里生活了好几代）。在与青少年的谈话中，伍拉德听到他们说卡斯蒂利亚语比加泰罗尼亚语更粗鲁、无礼、没有教养。"这么说吧，说卡斯蒂利亚语的人是没有多少文化的人。"一个年轻人这样说道。[25] 尽管这话引发了一场激烈的辩论，但它也从另一个角度得到了证实，即操卡斯蒂利亚语的人在某种程度上的确表达了一种被组织（和同侪群体）边缘化的感觉。一些卡斯蒂利亚语使用者也说到过，当他们用加泰罗尼亚语讲话时，会感到一种尴尬和羞耻，好像他们是在假扮什么人，好像他们没有真正的权利这样做。

2007 年，伍拉德重新找到她在 20 世纪 80 年代初次见到时还是学生的那批人。在大多数母语为卡斯蒂利亚语的人身上，她感觉到了一些截然不同的态度，其中许多人当年曾经表达过有被排斥在民族主义者"身份认同计划"之外的感觉。而现在，这些已经三十多岁的男人和女人几乎都开始认同自己是加泰罗尼亚人，并且越来越自信地说着这种语言，甚至有种主人翁的感觉。他们青少年时期受到的伤害并没有消失：他们感到的排斥是有意义的和真实存在的。然而，总的来说，他们把这归结为青春期必经的心理磨难。此外，对他们来说，作为加泰罗尼亚人的身份认同并不一定与更大意义上的政治项目或政治宣言联系在一起；事实上，大多数人都强调这只是个人行为，并嘲笑强烈的民族主义表达。他们对身份认同的看法已经变成"两者并存，而不是非此即彼的模型"。[26]

2007 年伍拉德返回这里之后，她不仅找到了许多最初的田野调查对象；她还在同一所学校做了一次重复研究。她发现情况已经和前一次完全不同了，在其中，形成身份认同方面的障碍并没有消失，但它现在与你在家所说的语言无关了。这一次，青少年不再像 1987 年时那样认为语言是身份的组成部分；加泰罗尼亚语和卡斯蒂利亚语失去了这一标识性功能。当伍拉德问及他们是如何判断彼此的身份时，没有一个年轻人把语言当作一种标识物。一切都取决于个人风格：衣服、音乐和其他青春期少年关心的事物。换句话说，作为一种语言，加泰罗尼亚语已经变得更加匿名——任何人都可以使用它。作为一种身份，它对选择采用它的任何人开放，首要标准是强烈认同身份本身的独特性。"我们这方面没有问题。"伍拉德一遍又一遍地听到人们这样说。[27]

伍拉德很清楚这种温暖人心的陈述背后掩盖了什么；加泰罗尼亚的局势比这要复杂得多，我们还听到当地讲卡斯蒂利亚语的人说，他们感到不自在和不被接受，他们仍然在被边缘化。就更不用说最近从非洲和其他地区涌入加泰罗尼亚的一波波移民了。但无论是在人际层面、微观层面，还是在国家政治的层面，这种转变都是显著的。2006 年至 2010 年间在任的加泰罗尼亚总统来自安达卢西亚的工人阶级家庭；他的加泰罗尼亚语很差，因此经常受到嘲笑。但他确实当上了总统。从 2010 年起，加泰罗尼亚人开始抗议，要求脱离西班牙其他地区，获得独立。2012 年 9 月，超过 150 万人在巴塞罗那街头游行，争取为自己的未来"做决定的权利"。横幅上写着"Catalunya, nou estat d'Europa"——当然是用加泰罗尼亚语写的（意为"加泰罗尼亚，欧洲的新国家"）。但在那次游行和随后的许多竞选活动中，走在队伍前列的不仅仅是土生土长的当地居民和典型的民族主义者。说卡斯蒂利亚语的本地人也和他们站在一起。

今天的马什皮

1976 年的那次法院判决并不是马什皮部落理事会的末日。他们坚持不懈，并于 2007 年在印第安事务局 (BIA) 的一项裁决中成功使联邦承认了他们的部落地位。在《最终决定》（Final Decision, 简称 FD）中，BIA 长篇大论地引述了 1970 年代的判决，表示与当时的意见相反，现在他们认为文化独特性不是承认其为独立社群的必要标准。在这方面，FD 对支持辩方的专家证词作了坦率的评估：这些既不重要，也不现实。这是无关紧要的，是因为 BIA 规定他们"不要求申请人保持'文化独特性'才能被划为印第安部落或社区"。因为期待某种文化不发生任何改变是不现实的。在这一点上，FD 尤其表示怀疑，它提到一位历史学家认为（要想得到法官的赞同并得到陪审团意见的支持）"需要未经改变的文化，包括维持传统宗教和基本完整的社会自治，不受非印地安社会的影响"。[28]

2001 年，一位著名的法律人类学家发表了一篇关于文化与权利的论文，她在论文中指出了一个令人费解的状况。[29] 一方面，文化总是在变化和流动之中，已成为学术界的共识。学术界人士和联合国早就认识到，我们对权利的理解也需要改变、修改和扩大。自 1948 年那部聚焦个体权利的《世界人权宣言》颁布以来，国际社会逐渐批准了一系列以儿童、妇女和原住民社群等更具体和明确的身份认同为基础的宣言和公约。另一方面，尽管有这些不同的认识，但在以权利为基础的社会运动和政策决定领域，文化和权利往往像之前一样，仍被视为彼此对立的和不变的。

我不知道 BIA 关于马什皮的《最终决定》的作者是否读过很多人类学文化理论，但任何人类学教师都会欣喜若狂地看到这样一种驳斥意见，即反对印第安人必须拥有"不变的文化"，才能被承认为一个具有基于群体的权利的独特社群。

然而，文化的意义，对马什皮的社群意识和身份认同来说绝非无关紧要。自它在 20 世纪 70 年代成立以来，部落理事会一直把文化放在它对主权和认可的争取活动的中心位置。1993 年，一个"语言寻回计划"启动了。它的创始人说："恢复我们的语言，是修复文化缺失和伤痛的一种方法。能够理解和说这种语言，意味着可以像我们的祖辈前人几个世纪以来所做的那样看待世界。这只是让我们与我们的人民、地球以及造物主赋予我们的哲学和真理保持联系的一条道路。"[30] 2009 年，部落理事会设立了一个语言部，以此来"承认语言对于保护人民的风俗、文化和精神福祉的核心作用"。[31] 在所有这一切中，我们可以看到一种语言的本真性意识形态。如果是这样的话，人们现在也同时认识到，本真性是必须被积极培养的，它无法凭空出现。

第七章
CHAPTER 7

权威

1971 年，当安妮特·韦纳（Annette Weiner）第一次来到特罗布里恩德群岛，追随已故的伟大的布罗尼斯拉夫·马林诺夫斯基的足迹时，她被他的呈现和分析中的缺失所震惊。所有这些大人物都有其批评者，所有人类学的描述都是片面的——即使像马林诺夫斯基那样，用极度自信的口吻说话，似乎暗示着他是一个例外。但是，如果我们把马林诺夫斯基的论述看作全面的——而且是权威性的——我们就错了。韦纳明确地指出，马林诺夫斯基完全没有提及许多与特罗布里恩德群岛的家庭生活有关的、重要的方面和场域，而它们多与妇女有关。[1] 比如，阅读马林诺夫斯基的作品，你可能会认为特罗布里恩德群岛的妇女在生产和交换领域毫无作为。他把重点放在了库拉圈和围绕它进行的次级交换上。所有这些交换都是由男人进行的。

事实上，你可能认为特罗布里恩德群岛的案例只是证实了一个关于性和性别角色的常见刻板印象：男人生产，女人繁衍；男人是公共的，女人是私人的；男人执行"文化"（比如政治和工作这类事务）而女人执行"自然"（比如生育和烹饪）。但你错了。从特罗布里恩德群岛的例子出发，韦纳指出了这一思路的几个问题。一是它没有描述当地的实证情况。女人也从事生产：她们用香蕉叶和纤维制作布料。她们还控制着它们的流通。这种布料非常有价值，因为它对维护强大的母系传承和政治稳定至关重要（特罗布里恩德群岛的文化是沿母系传承的）。在母系亲属死亡时，妇女会分配布匹财富以清偿死者一生中积累的社会债务。理想情况下，这些布料应该是新的，未被使用过（这与库拉宝物非常不同，后者随着时间和流通而增值），因为新象征着母系的纯净。虽然这不是一种直接的政治或经济权威的形式，但布匹确实为妇女提供了重要的行使能动性和自主权的渠道。换句话说，两性关系的等级并不像我们从其他描述中看到的那样，是泾渭分明且一成不变的。

韦纳指出的另一点是，马林诺夫斯基再现了他自己成长环境中的偏见。一言以蔽之，他的叙述是男性中心的。"对我来说，"韦纳写道，"我在特罗布里恩德群岛问的第一个问题是，如果生产和交换香蕉叶的是男人，马林诺夫斯基还会忽略特罗布里恩德群岛上的香蕉叶财富吗？"[2] 在考虑民族志权威的时候，我们必须注意"本地人"可能拥有不止一个观点这一事实。在这本书里，我多次引用马林诺夫斯基对人类学使命的那句著名概括：呈现"本地人的观点"。我们现在肯定可以理解，一个更恰当，虽然不是那么简洁上口的总结应该是，呈现"不同本地人的诸多观点"。不仅仅是"**他眼中的他的世界**"——这是马林诺夫斯基 1922 年时使用的代词——这目光和这世界，首先也应该是"她的"。

在这一章的开始，我先是回头讨论了人类学的运作机制本身，它呈现事物的方式，而不是它的发现。这是一件很重要的事情，因为在关注"权威"问题时，最好的人类学，总是在讨论权威在社会和文化生活的总体动态中应该如何被定位和被理解的同时，也不忘反思自身。

在这方面，马林诺夫斯基给我们上了一堂精彩的实物教学课。他精彩的修辞和充满自信的行文，使人们对他叙述的权威性几乎没有任何怀疑的余地。但这很讽刺。因为我们在这里看到的是，一种形式的权威——民族志权威——如何会有强化关于权威本身的更普遍的假设的风险。

"关于妇女的问题"

特罗布里恩德群岛的布匹生产只是故事的开始。韦纳指出，我们在所有民族志记录中都能发现，从部落酋长的斗篷和垫子到王室的袍服、牧师的法衣和死者的裹尸布，布料和服饰往往是政治权威和权力的关键象征。总的来说，生产这一切的是妇女。在这方面，特罗布里恩德群岛的案例实际上影响相对较小；在波利尼西亚群岛的许多地方和更广阔的太平洋地区，布都是权力、威望或权威的主要象征。韦纳甚至认为，要理解莫斯关于礼物的论点——由于礼物具有"灵力"（或在著名的那个毛利人例子中所说的"hau"），因此每一件礼物都要求得到回报——我们需要理解毛利人斗篷的政治重要性，和库拉宝物一样，它本身也具有某种人格和能动性。[3]

然而，除了部分观点需要被纠正，我们此前分析过的许多民族志例子确实反映出了父权制的主导地位。诚然，在他的分析中，马林诺夫斯基的确过分地忽视了女性。但即使是韦纳也指出，妇女通过生产布料所享有的权威和能动性与男子相比是很有限的。或者考虑一下荣誉—耻辱这个复合体；它通常带有明显的性别属性，认为男人赢得荣誉，而女人只会失去荣誉，带来耻辱。还有巴索托人和他们的"牛的神秘性"；在其中女人是吃亏的一方。巴索托男人利用围绕牛的神秘性，在家庭和社群内确立他们的权威。我们甚至有必要讨论一下"彩礼"这个观念本身——牛的神秘性很大程度上要依赖于此。许多批评家，从维多利亚时期的传教士到当代女权主义者，都把这与将妇女视为用来买卖的商品联系起来。那么，母系亲属制度呢？这无疑是一种由女性来界定的权力形式。与此同时，如果你读到对母系社会中政治关系的描述之后，却认为这实际上似乎只相当于让另一批不同的男性来掌权，也是完全情有可原的：也就是说，在母系社会中，不是女人们的丈夫，而是她们的兄弟在做主。更普遍意义上的"血"又如何呢？我们已经讨论了血如何成为生命力和生命的有力象征，以及它是如何与女性的不洁、危险和死亡联系在一起的。"现代的"瓦希玛婆罗门女性对月经期闭关和禁忌的程度和范围进行了重构，但闭关的做法依然存在。此外，许多妇女自己也坚持这样做。

那么，文化是否归根结底总会是父权制的体系呢？女人是第二性吗？

简短的回答是"不"。稍长的回答是：这些问题本身是错误的问题。这两个答案都不是要否认或弱化妇女的社会角色和地位——更不用说妇女们自己——在许多方面被男性的社会角色和地位所压制。也不是为了掩饰现实中权力常常伴有的丑陋一面。第一个回答是"不"，意思是我们不能把性别关系本质化；我们不能怀着人类学上问心无愧的态度说，根据民族志证据，库拉圈或牛的神秘性，甚至《唐顿庄园》电视剧中的习俗和继承法都表明了一个事实，即男性一直以来总是——而且最终将会——处于优势地位。

第二个回答"这是错误的问题"，邀请我们考虑的是以下两点。首先是简单的视角问题，价值观政治如何形塑了我们对权威、威望和权力的评估。如果我们真的把布匹生产作为我们叙述的核心，会怎样呢？或者把养育孩子作为核心？或者，不妨让我们来重点考虑小学教师的角色——这个角色在大多数地方，主要由女性扮演？如果在外部社会中，或者在我们内心真有一个"父权制"存在，它反映的问题也类似于我们在前面一章中观察到的欧洲传教士和非洲人之间的遭遇的问题：对意识的殖民。

第二点不像前一点那么直接，但可能更重要。因为在某些情况下，这甚至不是视角的问题，而是事实上是否存在任何不变的东西用来给我们感知的问题。对一些人类学家来说，错误在于他们认为"男人"和"女人"就像纸板上的玩偶小人般千人一面，而且所有人和我们玩的都是同一场游戏——或者和我们困在同样的挣扎之中。

有多位人类学家都提出过这类论点，但它在玛丽莲·斯特拉森（Marilyn Strathern）的作品中得到了开创性的表达。她1988年出版的著作《礼物的性别：美拉尼西亚妇女的问题和社会的问题》（*The Gender of the Gift: Problems with Women and Problems with Society in Melanesia*）是对这个观点最凝练的总结。斯特拉森在副标题中提到的"问题"（problems）与西方分析者——主要包括人类学家、女权主义者和女性主义人类学家——关于美拉尼西亚性别关系的预设有关。斯特拉森认为，许多西方人关于当地性别关系和男性主宰女性的批评都与当地人的观点——无论是**他的**，还是**她的**——相去甚

远。事实上，斯特拉森似乎更想让我们完全摆脱这种隐喻的
立场，因为它假设，对所有的差异，我们都可以基于相同的
背景来进行分类。

在接下来的大部分讨论里，我想继续关注与视角相关的
问题，不过在两个例子中（一个是对埃及法特瓦 [fatwas] 的研
究，另一个是对朱旺 [Chewong] 狩猎采集者的研究），我所使
用的分析进路会与斯特拉森的相一致。然后，让我们再回到
"彩礼"这一社会生活实践上来，以进一步讨论"当地人的不
同视角"问题。因为它必然会将某种"关于妇女的问题"与
权威问题联系起来。

性别与代际

彩礼（bride wealth，直译为"新娘财物"）是在结婚流程
中由一方（通常是男方的父母或亲戚）向另一方（通常是女
方的父母或亲戚）赠送某些东西（通常不仅仅是日常意义上
的商品或金钱，还包括一些有特殊意义的物件）的习俗。正
如我已经指出过的，"彩礼"一词在当代读者看来，很像是一
种政治正确的委婉说法，其背后掩盖的实际上是将妇女当作
商品的做法。事实上，在更早的时候，它曾被称为"新娘价
格"（bride price），这似乎是一个更诚实的标签。早在 1931
年，著名人类学家埃文思－普里查德就曾建议彻底停用"新

娘价格"这个说法，因为它具有误导性。*他的建议是在一家主流期刊上长达两年多的辩论过程中提出的，辩论中其他人还提出了另外一些备选术语，其中有些相当奇怪。埃文斯－普里查德认为"彩礼"是最好的说法，并为"新娘价格"似乎并没有什么支持者而感到高兴。

至少在一点上，专家们似乎达成了相当一致的意见，即保留"新娘价格"一词是不可取的。我们有充分理由从民族志文献中删去这个词不用，因为它充其量只强调了这种财物的一种功能，即经济功能，而排除了其他重要的社会功能；因为在最糟糕的情况下，它诱导外行人认为在这种语境下使用的"价格"一词，与普通英语中的"购买"同义。因此，我们发现有人会相信非洲人买卖妻子的方式，与欧洲的市场上人们买卖商品的方式大致相同。这种无知对非洲人造成了莫大的伤害。[4]

埃文思－普里查德是对的。正如他之后的研究将要强调的那样，我们不能假定西方对交换、性别关系和社会人格的理解是普世的。只有对以上的每一项都持一种非常狭窄而固定的看法者，才会把彩礼看作妇女从属地位、次要地位或商品化的明确标志。

但关于这个问题，我们还需要更多的讨论。因为在讨论

---

* 他当时其实并不出名，后来才成为学术明星。我们将在下一章介绍一些他的出色工作。

权威问题的语境下，彩礼主要指向的不是性别区隔，而是代际区隔。将关注重点放在新娘身上，在几个方面都具有误导性，尤其是考虑到在大多数情况下，彩礼不是付给新娘本人，而是付给她的父母的。事实上，一种很有说服力的观点是，如果我们想在人类社会中找到一个最为根深蒂固的不平等源头，它很可能是年龄，而不是生理或社会性别。权柄几乎总是握在年长者的手里。此外，在有些例子中，彩礼也会成为妇女得到赋权的途径。

让我们通过一个中国的彩礼案例来考虑这个问题。在长达三十多年的时间里，阎云翔一直在研究一个东北村庄里社会文化生活的变迁。从最广泛的意义上讲，这些变化可以用他所说的"中国社会的个体化"来描述。[5]其中许多变化肇始于 20 世纪 80 年代，当时中国开始沿着更加市场化的路线改革经济。全球化的动向，包括个人主义观念和话语的流入，越来越多地影响了这种改革所采取的形态。正如阎同时强调的那样，自 1949 年以来，中国共产党一直在出台有助于这些转变的政策，这经常显得有些反讽，因为这些政策是基于社群主义和互惠性的社会主义原则而制定出来的。[*]

其中一项政策涉及废除彩礼。中国共产党在 20 世纪 50

---

[*] 中国长期（虽然现在已经撤销）的独生子女政策也可以被看作是这种情况的一部分，尽管这种政策并没有像在城市地区那样影响农村家庭的变化。芬兰人类学家安妮·卡亚努斯（Anni Kajanus 2015）也报告了独生子女政策如何帮助推动城市家庭对女童教育进行大量投资。

年代禁止了婚姻中的财物支付行为。对共产党人来说，彩礼是一种落后的传统习俗，它阻碍了社会主义的现代化进程。中国共产党希望将社会纽带从几代同堂的大家庭中解放出来，转移到一个更小的核心家庭理念上，从而让国家得以在人们的生活中扮演更重要的角色。这里的另一个因素是"孝"的传统，特别是在中国那些儒家思想占主导的地区。孝顺要求子女顺从父母。这不仅意味着子女要尊重他们的意愿，照顾他们的晚年，而且子女所做的生活决定（比如和谁结婚）也需要反映他们的利益（也就是说，家族的利益）和愿望。在一个想要强力引导其国民生活的国家，这种价值观显然会分散民众的忠诚。事实上，对中共来说，其目的是用一位人类学家称之为"孝道民族主义"[6]的东西来取代（或至少补充）孝道。正如我们已经指出的那样，政治领导人常常鼓励人们用描述亲属关系的术语来称呼这个国家。

彩礼在中国并没有消失。当它在 20 世纪 50 年代被宣布为非法时，当地人只是想出了新的婚姻交易名目来规避正式的禁令。但是，中国共产党的运动确实产生了影响，并在"文化大革命"期间迫使这种婚俗的结构发生了重大变化。为了减轻政治压力，20 世纪 70 年代时，家庭开始将彩礼付给新娘本人。这种重心从新娘家庭向新娘个人的转移在后来的几十年中由于市场化和全球化日益增长的影响而得到加强。到了20 世纪 90 年代，阎研究的村子里的年轻女性有了一套新的词汇来表明自己的立场，这些词汇都来自自由、选择和权利的修辞。她们能够这样做的背景，是共产党在此前四十年里持续挑战了传统家庭的合法性，以及一度不容置疑的孝道逻辑。

通过共产主义和资本主义原则的奇特结合——彩礼成了年轻妇女主张和行使真正权威的工具。首先，普遍来说，年轻人在结婚对象的选择上获得了更大的发言权。统计数据令人印象深刻：20世纪50年代，阎研究的村里73%的婚姻都是包办的；到了20世纪90年代，包办婚姻就已完全绝迹了。[7]然而据阎说，更值得注意的是，新娘本人在婚姻交易中扮演的新角色。在从20世纪90年代到21世纪初的几个不同时间点上，阎都观察到，准新娘在与她们未来的姻亲商议结婚条件时表现得格外坚决和强硬，经常就彩礼数额展开一轮甚至数轮的谈判，此外她们还会从自己原生家庭那里获得不少支持。孝道并没有消失，但它被"父母心"的观念所抵消——母亲、父亲和亲家会在自己的欲求上让步，在某些情况下，还会屈从于子女的要求。

一名22岁女性的例子给阎云翔留下了深刻的印象。她在和亲家的谈判上表现得冷酷无情，村里有些人认为她自私自利。她不在乎。"看看从那以后发生了什么事，"她对阎说，"我有一个可爱的儿子、两头奶牛，家里有所有的现代化电器，还有一个听我话的好丈夫！我的公公和婆婆尊重我，经常帮我做家务。要不是我**有个性**的话，我就不可能拥有这一切。我们村的女孩子都很羡慕我。"[8]

　　这算是"自私"吗？嗯，这取决于你从哪个角度来看。首先，尽管我们并不确切知道她这位"好丈夫"对此的看法，但新郎往往完全支持新娘的强硬路线，因为他也会从中受益。因此，这种新式婚姻支付的受益者是年轻夫妻这个小家庭，而不是单独的个体。另一种不同类型的组织单元——核心家庭——已经能与父系氏族这个历史悠久的组织单元分庭抗礼了。此外，生育了一个男孩，让这样一对夫妇同时也满足了某种非常"传统"的期望，即让这个丈夫和父亲（以及他的父母）得以延续其父系传承。

　　阎云翔本人对这类新式青年的出现表达了一种失落和遗憾之感。但换种方式解读的话，我们也可以将这种权威的转移看作人们在重大的经济和政治变化面前，真诚地努力去过一种合乎伦理的生活的结果。[9]然而，这里我们再一次看到，朝向现代化的努力，往往会以似乎违背直觉的方式打起传统的幌子。

从活人到死人

　　现代化的诱惑表现为对人格的重塑这一点，不只体现在婚俗领域。事实上，它也不只出现在生者的领域。甚至死者也参与到了其中。

彩礼只是中国共产党致力于清除的许多"落后"习俗之一。更广泛地说，许多形式的仪式都成了他们清除的目标，部分原因是它们会分散忠诚（仪式和宗教暗示着存在比共产党更高的、其他的权威形式），部分原因是他们的情感负荷——以响亮的音乐、舞蹈、附身或号啕大哭为特征——严重背离了"理性的社会主义农民"这个理想。

和彩礼一样，葬礼仪式也在中国共产党执政的最初几十年里受到了巨大的压力。在中国的许多地方，实际上在世界上的多数地方，葬礼上和哀悼期里人们都要进行仪式性的哀歌表演（laments）。对于局外人来说，这些白事很容易被看作是成群的妇女（通常专门做这种特殊仪式工作的人都是妇女）不受控制、过分夸张地哭泣和嚎啕。实际上，它们是种经过精心设计的、成熟而富有美感的表达形式。哀歌是处理悲痛的极好手段，不仅对那些表演者来说如此，对其他哀悼者来说也是如此。外部观察者有时会怀疑她们的眼泪是否真诚。那些女人**真的**那么伤心吗？也许其中有些人并不，没错，但这是因为"宣泄"只是哀歌仪式的众多功能之一而已。它同时也是一种表达对更广泛的社会或政治局势的集体忧虑的手段。哀歌仪式允许人们借由死亡的场合表达关切和批判（这也是国家往往对它们耿耿于怀的另一个原因）。更重要的是，在这种世俗的关切之外，恸哭还是一个更大的仪式复合体的一部分，体现出尊重祖先和承认事物在宇宙中的秩序。在所有这些意义上，它们让死亡成了一件好事，即所谓的"善终"。

想要妥善地处理死亡这个愿望是很常见的，并不只是那些让共产党官员难堪的农民才有。这就是为什么美国政府花了这么多钱来运回在越南战争中阵亡的军人的遗骸；国家和家庭一样想要他们的遗骨，因为在美国的文化体系中（事实上，在大多数文化体系中都是），妥善处理遗骨被认为是接受丧亡和让死者安息的必要条件（就政府而言，它还标志着国家的权力和权威）。同样，无论是在智利的人口失踪惨案，在伦敦郊区的儿童绑架谋杀案，还是在巴斯（Bath）或曼谷的此类事件中，家庭成员首先最想得到的始终是死者的遗骸：没有它，使这一死亡变成好事的过程就永远无法完成，冤魂永远不能得到安息。

回到中国的仪式性哀歌，我们看到的是，传统上它们绝不仅仅是关于死者的。事实上，在一些关键方面，死者的个体性在哭丧的过程中被减到了最小。埃里克·缪格勒（Erik Mueggler）20 世纪 90 年代初在云南一个山谷里的村子做田野调查时，一定发现了这一点。*与全国其他各个地方一样，到了 90 年代，云南人民开始被允许公开地重新审视和复兴传统文化的某些方面。许多当地人在葬礼上重拾了长期被嘲笑的哀歌传统，他们打算尽可能准确地恢复这种古老的习俗。这

---

* 阎云翔研究彩礼习俗变化的地方离云南很远；事实上，缪格勒并不是和汉族人一起工作，而是和一个名为彝族、说藏缅语的少数民族一起。

时，真实性和忠于原版才是最重要的，这意味着这些哀歌大大弱化了个体的价值。在他对哀歌的分析中，缪格勒发现了大量强调社会和家庭角色的隐喻和意象。[10] 这种高度形式化的口头诗歌不适于表达为某个个体量身打造的悼念和追思。重要的是"社会关系的传统组合"。[11]

2011 年缪格勒回到云南后，他发现情况已经截然不同了。哀歌仍然很受欢迎和重视，但其目的和重点已经发生了根本性的变化。与阎云翔在这个国家的另一端发现的情况类似，缪格勒在他对中国西南部的研究中，也谈到了国家层面的经济改革和全球化动态共同塑造的对现代化的渴望如何将个体推到了首位。现在，哀歌很大程度是关于个人的，关注死者的性格、特定的记忆和塑造了他生活的事件，这反映了彝族人追求现代性的努力。对哀歌的审美也改变了。现在，一场表演是否出色不是以技术能力，而是以情感的真挚程度来评判的。在 21 世纪，使这些仪式具有效力的是真情实感，而不是形式上的技艺娴熟。

仪式和权威，或仪式中的权威

这里我们最好停下来考虑一些仪式的基本要素。人类学家喜欢研究仪式，因为他们倾向于认为仪式包含了对他们正在探索的更广阔领域的基本指引。破解了仪式也就破解了文化。诚然，并非所有人类学家都这样认为，但许多人确实这样认为。不过，我想把这些仪式研究归为一类，并把更多的注意力放在它们能告诉我们哪些关于权威如何运作的东西上。[12]

仪式通常包含盛大的景观或表演。有些仪式比另一些更丰富多彩、香气四溢和吵闹，但所有仪式都有一些将其与日常生活状态区分开来的特点。这种戏剧性质是许多人类学家都评论过的，很大程度上是因为它提出了关于权威的问题。在仪式中，由谁——或者什么——发号施令？又是为了什么目的？

在如何回答这些问题上，还没有一个共识。广义地说，每个人类学家都落在一条观念光谱的某个点上。位于光谱一极的观点认为，仪式完全是关于权威的：它是传统的一种工具，是权力机构用来使人民变得循规蹈矩的手段。另一极上的观点则是，仪式使人类能动性成为可能——它是人类创造力和批判的载体，是实现真正变革的手段，是表达真正观点的工具。

大多数人类学家能达成共识的是仪式本身的特性：它的"异质性"。看到一个仪式时，你马上就能意识到这是一个仪式。人们在做一些不寻常的事情，比如跳舞或大哭。或者他们用不寻常的方式做一些普通的事情，比如用格外抑扬顿挫的声音说话，或者四肢着地来回移动。仪式还常常以人们身穿什么（或什么都不穿）为标志：特殊的服装、浓妆和颜料、昂贵且往往不实用的头饰、面具或珠宝。

就文化交流而言，仪式角色的这些方面传达的是一个更高级别的信息："这里发生的事情**告诉**了我们一些关于事物之秩序的重要信息。"换句话说，如果你想理解仪式的"意义"，就不要只关注人们所说的话或所做的事，也要关注他们是怎么说和做的。

不难理解这样一种观点，即仪式完全是关于权威，关于如何让人们各安其位。当你参与一个仪式时，你常常会感觉到传统压下来的重量，关于你的个体存在的事实——思想、感觉和观点——被所有这些集体要求所遮蔽了。当然，对许多人来说，这种感觉才是有价值的，感到自己成了更宏大的事物的一部分，甚至比生命还要宏大。但如果你曾经（1）参加过英国圣公会的礼拜仪式，或者（2）在体育赛会中唱国歌，而你（1）不是基督徒，或者（2）不是民族主义者或爱国主义者，你很可能会对自己说：等等，（1）这不是我会做的事，但我却在这里，赞颂上帝道"阿门，上帝怜悯我们"；或者等等，（2）我不确定我认同"上帝保佑女王"这句副歌，或者歌词里关于"自由之地和勇敢者之家"的说法。

仪式施加这种权威的一种方式——它**规训**参与者的一种方式——恰恰是使用固定的剧本：正式的祷文、礼拜仪式和国歌等等。莫里斯·布洛克（Maurice Bloch）是这一传统中最著名的仪式理论家之一，他以一种令人难忘的方式阐述了这

一点："你不能和一首歌争论。" [13]

然而，这种固定的剧本，以及固定的动作套路——跪在祭坛前，做纳马斯卡拉（Namaskara）或曰合十礼（Namaste，印度教中对地位高于自己者所行的礼）的手势，在新娘和新郎走出教堂时向他们扔大米——还有另一个重要的功能：它将行动本身的权威置于执行行动的人之外。在一项仪式中，你不能在行动过程之中产生什么新的主意。当人类学家问仪式参与者**为什么**要做某事时——你为什么要在自己胸前连画三次十字？萨满的脸为什么涂成白色？男孩们为什么要被隔离三天？——答案通常是"因为事情就是这么办的"。或者更干脆地说："我不知道"，或者"哦，这你得问问萨满"。人类学家似乎不能不问这类问题，尽管答案几乎毫无用处——它只是再次证实了，正在发生的是一种仪式，而其"作者"已经消失在权威的迷雾中。布洛克称之为仪式性的"顺从"（deference）。[14]

让我们想想英国圣公会的礼拜仪式。看看礼拜仪式的规程。它没有署名。这规程是谁写的？谁是这件事上的权威？不是牧师。站在会众面前的牧师只是一个人。一个训练有素的人，没错，一个被正式按立的，甚至很可能是个虔诚的牧师。但你不会看着他或她，就把他们所说的话当作**他们的**话。牧师若说："那个，在我个人看来，耶和华是全能的上帝。"会众就跑光了。话语的权威超越了任何一个人，这赋予了它永恒或超越性的品质。仪式越是依赖于其永恒性，或表达超越当下的东西，它就变得越有权威。

重复也可以起到这种作用。这并不是在说，你说的次数越多，一件事越有可能实现（尽管我们经常持有这种观点）。重复在话语本身和讲话者之间制造了距离。在一个重要的意义上，它使词语"客观化"了，从而不受个人的动机和意见影响。仪式行为也是如此。仪式往往涉及一系列重复的行为。在某些情况下，人们认为仪式的成功取决于这些行为的正确执行——不一定是真诚地执行，甚至不一定是怀着信仰地执行。这种重复的一个效果就是让执行这些仪式的人或人群的能动性变得不那么重要，甚至旨在再生产更广阔的宇宙秩序或等级。

权威与稳定之间有着密切的联系。许多仪式的目的是维持现状——同样，通常是通过一系列充满象征意义的有序的重复序列来再生产现状。例如，这往往是葬礼和殓房仪式的重点。死亡是对社群的破坏，是在社会结构上撕开了一个口子。而葬礼就是修补这一撕裂的行为的一部分，不仅因为它具有疗愈的价值，而且作为一种象征性的手法，它能表明生命如何战胜死亡。葬礼中所使用的意象往往关于生命的再生：充满重生、重新生长和复兴的象征符号。[15] 食物、酒精和复制品是这套意象系统的主要内容。此外，由于葬礼和殓房仪式往往遵循一种共同的流程，它们的每次操演都起到了暗示社会秩序稳定性的附加功能。一遍又一遍地执行同样的程序，传达了一种连续性。

葬礼也是人类学家尤为感兴趣的一种仪式：一种通过仪式（rite of passage）。割礼、婚礼和葬礼都是通过仪式。它们让人发生了地位上的变化：儿童变成成人；未婚变成已婚；活着变成死去。因此，仪式不仅用于维持现状或维护社会秩序的连续性，而且对于改变社会地位，甚至对改变个人或群体的组成也至关重要。

在一些种类的仪式中（包括许多通过仪式），权威也通过特定的语言使用表达出来。在仪式中，言语可以有使所说的内容成真的力量。想想一些众所周知的例子："我现在宣布你们结为夫妻""我在此判处你终身监禁"。在一个更为宽泛（和有争议）的意义上，我们也可以将佛教徒为了达到觉悟而进行的重复诵经囊括在这一范畴里。这些都是言语行为的例子，哲学家约翰·奥斯汀（John Austin）称之为"以言施事力"（illocutionary force）。[16] 奥斯汀的观点在人类学中很受欢迎，这在很大程度上是因为它有助于解释语言看似"魔法般"的造成影响的能力，或者说解释了词语何以成为行动。*

这种"魔法"往往位于现代国家权力运作的核心。和我们能够想象的最壮观、最奇异的宗教传统一样，政治也极为

---

* 以言施事力并非仪式语言所独有；它在更多的日常交往和交流中也存在。不过，这在仪式中特别常见，因为举行仪式经常是为了"做"某事（和别人结婚、埋葬他人、赎罪、恢复湿婆形象的神力和治愈年轻女性的胃痛等等）。

依赖仪式。在仪式出错时，我们就能充分地观察到这一点。以巴拉克·奥巴马的首次总统就职典礼为例。在 2009 年 1 月他的宣誓就职仪式上，以言施事的力量被凸显出来。奥巴马必须通过宣誓，才能从获选的总统候选人变成总统，仪式由最高法院首席法官主持。仪式中，首席法官宣读誓词时语序略有失误；这使得奥巴马在复述它们时结巴了一下。奥巴马的一些顾问担心这意味着他没能成为真正的总统；而且他们肯定担心奥巴马的政治对手会提出同样的质疑。因此，为了避免争议，白宫律师称之为"出于以防万一的考虑，因为宣誓时有一个词不符合顺序"，在奥巴马就职后的第二天，重新举行了一场宣誓仪式。绝对忠实于程序真的很重要；一切都要各安其位。[17]

奥巴马**真的**必须再次宣誓吗？这里不存在什么"真的"与否，除了人们对其的感知。奥斯汀称之为"确保领悟"（securing uptake）[18]。换句话说，以言施事的言语行为的权威取决于它在多大程度上被社会承认。

仪式作为一种特殊的情境和事件，有助于使权威正当化。首席大法官主持的第二次宣誓仪式中并没有正式就职仪式里的那些盛况和典礼——所有那些表示"这是一个非常重要的事件"的东西都没有。没有数十万的观众，没有前任总统和政要上台，没有艾瑞莎·弗兰克林（Aretha Franklin）的演唱，也没有马友友演奏大提琴。第二次首席大法官是临时被传唤的，他在晚上 7 点过后不久就溜进白宫，并迅速重来了一遍。没有盛况，没有典礼。奥巴马甚至没有把手放在《圣经》上。只有一件事非同寻常。首席大法官**确实穿**上了长袍。他仍然觉得有必要通过那些黑色长袍来表达出他有权力和权威去举行仪式，以及这是一个需要特别关注并具有特殊力量的时刻。

　　美国法官的黑色长袍在这里也很能说明问题。因为它们也需要一种"领悟"（uptake）。它们为什么重要？因为我们认为它们是重要的。"因为这是法官穿的。"我们会说。这同样是布洛赫所说的仪式顺从：永恒的传统，以及所有那些。事实上，美国法院系统并没有正式要求法官穿这种长袍。它们是从哪儿来的？似乎没有人确切知道，但有一个说法是，托马斯·杰斐逊曾建议美国法官穿简单的黑色长袍，以区别于英国法官那种更为华丽精致的长袍。[19] 这条建议本身就可以被视作体现了两种对权威的不同理解和态度。在帝国时代的英国，人们格外夸张地强调身份和等级的差异；这支持了等级制度的逻辑，这种逻辑长期以来一直居于英国（和大不列颠）社会和政治的中心。在新美国，我们发现差异的价值得到承认，但根据平等原则，差异在这里被最小化了。只有简单的黑色长袍，所有的法官穿得都一样。

和一首歌争论

所以，没错，仪式确实可以有很多规训作用，它们塑造了我们的行为、反应和对更宏大的生命历程的理解。但尽管如此，我们也知道这种正式的、被规定的和特别的行为——仪式——常常也是创造力的源泉。它也能创造新的事物。

我们已经关注过这方面的一个例子。中国共产党几十年来对云南传统葬礼的压制并不能阻止人们渴望用某种方式让死亡成为"善终"。和大多数社群一样，彝族人将这种仪式理解为让他们的社会生活得以正常运转的核心。传统被压制，但没有被遗忘，一旦表演的空间被重新打开，人们就会立刻抓住机会。首先，这意味着对形式的忠诚——按照恰当的方式去做。

我们可以把这种忠诚视为仪式对我们具有控制力的证据——换句话说，它剥夺了我们的能动性、选择和思考。然而，我们也知道，"相同的"仪式在20年前和20年后是完全不同的。在20世纪90年代，哀歌反映了事物的一般秩序：儿童与父母之间的关系是以牢固而通用的语义对句表达出来的；双方为了彼此所承受的痛苦反映了一个无休止的世代循环。彝族人并不哀悼某一位特定的母亲，他们对母职本身感到悲哀。尽管它们仍依赖于许多相同的正式结构和模式，但到2011年，这些哀歌已经慢慢转变，吸收了新的意象，以便更好地反映当地人对个性、个人经历和个人悲伤的真诚性的重新评价。2011 年，缪格勒听到的不是抽象的女儿和母亲，而是在临终床榻上饱受折磨的特定母亲的痛苦（"我从头病到脚"）、特定女儿的悲伤（"我对山诉说我的痛苦／山上松林间的风悲伤地回应"），甚至对当下政治的评论（"现在政府政策已经改善了／但母亲却没赶上提供好食物／母亲却没赶上穿好衣服"）。[20]

自相矛盾的是，有时恰恰是在看似最受约束的时刻，我们才发现人们运用他们批判的能力和创新的手段。你**可以**和一首歌辩论，或者至少**通过**一首歌来辩论。

授予权威

关注仪式的形式和结构，可以告诉我们很多关于权威普遍机制的信息，即使权威的来源似乎在不同的层面之间转移。在某些情况下，仪式的权威就像某种超越性的东西——它本质上诉诸语言和行为"不为什么，就该如此"的特性，一种似乎是永恒的，令人得到安慰同时又不失掌控的感觉。在另一些情况下，仪式也可以是格外平常的——就像朱兹* 河谷（Júzò valley）里一个女人的哀歌，一个与母亲异常亲近的女

---

*　本地方言，意为"小的"。——译者注

儿，因对政府感到愤怒而将谨慎抛诸脑后，批评经济的改善来得太慢了。但即使是这种平凡类型的例子，也只是因为其他因素才得以可能的：全球化的影响和在社群内培养的，以"现代"术语真诚哀悼的渴望。

没有既定的公式或明确的方法能告诉我们，为什么某些仪式——或习俗、或宗教传统、或政治领袖、或农民妇女——会被采纳或认可。这不仅仅是由事物自身的运行机制决定的。这也不仅仅是一个"权力"的问题，无论是枪杆子后面的权力，还是监狱的威胁，甚至还比方说，从控制支付养老金而来的权力。这些都是强势国家所拥有的权力形式。但我们知道，这种权力并不总是有效的。即使一个党派确实领导着一个非常强大的国家，但它也不能事事按自己的方式去做。权威绝不仅仅是武力或权力的问题。中国彩礼习俗的持续甚至愈加兴盛，以及葬礼哀歌的复兴就是明证。

那么，要理解权威，我们还需要理解它的正当性的本质。我们需要理解为什么人们接受某些形式的，而非其他形式的权威。权威是如何**被授权**的？

为了思考这个问题，让我们转向侯赛因·阿里·阿格拉玛（Hussein Ali Agrama）在埃及进行的一项人类学研究，该研究探讨了人们对两个重要机构的截然不同的态度：个人法庭和法特瓦理事会（Fatwa Council）。[21] 个人法庭处理家庭问题，包括与婚姻、离婚、抚养（赡养费）和继承有关的问题。

法特瓦理事会也处理类似的问题，但还可以就一系列其他事项提出意见。

除了它们所处理的问题，法院和理事会的相似之处还在于它们都是国家机构。最重要的是，两者都受伊斯兰教法（Islamic sharia）管辖。媒体通常称之为"伊斯兰教法法律"（sharia law），但将伊斯兰教法的概念局限于西方意义上的法律概念是错误的。虽然它也关于某些规则和规范性期望，但从根本上讲，它考虑的是关于"应该做什么样的人"这种伦理问题。伊斯兰教法是虔诚的穆斯林必须踏上的"道路"。

不过，法院和理事会的确有所不同。从它们各自的地位来看，虽然伊斯兰教法不能被简化为"法律"的概念，但个人法庭通过法律受伊斯兰教法管辖。它们的判决在法律上是被承认的。法特瓦理事会的则不是。换句话说，法庭是正式法律制度的一部分，判决具有约束力，而法特瓦理事会的决定只是建议性的。法特瓦没有法律约束力，实际上那些组成理事会的谢赫（sheikhs）也不会声称它们一定要被执行，不得违逆。

西方对法特瓦有很多误解。1989年，阿亚图拉·霍梅尼（Ayatollah Khomeini）发布了一条要求杀死萨尔曼·鲁西迪（Salman Rushdie）的法特瓦，自那时起，这个词在人们心中唤起的就始终是个怒发冲冠的宗教领袖形象，他公开宣称支持一个不自由的"政治伊斯兰"（许多人都使用这个说法）。

自"9·11"事件以来，这个形象变得越来越生动。

大多数法特瓦根本不是这样。简而言之，它们是一个博学人物（谢赫）的意见或建议，谢赫通常是但不一定是一名训练有素的伊斯兰学者（穆夫提 [mufti]）。大多数时候，人们去征求法特瓦，是因为他们个人认为需要一些建议，关于如何做一名好的穆斯林并按照伊斯兰教法生活。换句话说，法特瓦往往是非常私人的，针对具体个人的生活和处境的。埃及法特瓦理事会的任务实际上是协助普通人处理日常事务（而不是谴责小说家）。

本世纪初，阿格拉玛在开罗花了两年时间研究个人法院和法特瓦理事会。在这段时间里，他注意到了一个看似奇怪的模式。虽然这两个机构都处理人们关于家庭事务的问题，但理事会比法院更受欢迎，形象也更正面。此外，虽然法特瓦中提供的意见和建议没有约束力，但与法庭那些正式的、法律上可强制执行的裁决相比，人们更愿意遵循这些建议。哪怕是在法特瓦违背了寻求建议者的利益或愿望时也是如此。一般来说，如果有人不喜欢谢赫提供的一个法特瓦建议，没有什么可以阻止他们换另一位谢赫来咨询。但在阿格拉玛的经验中，这种情况很少发生。在一个案例中，一个家庭坚持遵循谢赫给出的法特瓦，尽管这让他们在就一些土地的继承问题上与亲戚的激烈争执中付出了高昂的代价。

阿格拉玛发现的一个更值得注意的方面，是谢赫在应用伊斯兰教法时的灵活度。谢赫聆听，但他们也问问题。他们试图尽可能多地了解更广泛的情况。他们还试图判断一个人。**这位**需要法特瓦的人头脑清楚吗？**那位**需要法特瓦的人真心实意地感到悔恨吗？因此，很可能有两个问题相同的人得到完全不同的建议。在一个案例中，离婚后想要重新和解的夫妇可能被告知他们不能这么做；在另一个案例中，另一对这样的夫妇可能被告知可以复合。这取决于具体情况，也取决于两个人的行为举止。同一名谢赫自己在不同的时候可能采取不同的态度和方法；有时严厉，有时开玩笑，有时责骂。一切都要看情况。

在他们所提出的建议中，灵活性也是显而易见的。当处理道德和生活这类枝枝蔓蔓难以说清的问题时，有些时候谢赫会采纳两害相权取其轻的原则。在阿格拉玛观察到的一个案例中，一个曾两次与同一个女人通奸的年轻人被告知，当他再想这样做时，他应该以"做秘密的事"（即手淫）来代替。这个年轻人大吃一惊，因为手淫是 *makruh*（应受谴责的）。"没错，"谢赫说，"但是通奸是 *haram*（被禁止的），更糟。"[22] 这种建议更值得我们注意，因为人们普遍认为谢赫对他们提出的建议负有一定的责任。法特瓦建立了一种关系，以某种方式将谢赫和法特瓦的寻求者联系在一起。

阿格拉玛关于法特瓦的人类学研究涉及人类学记录中更广泛的问题和动态，超过了关于宗教虔诚的范畴。每当我们考虑权威的问题时，我们同时很可能也在考虑伦理问题。法特瓦显然是关于道德的。他们帮助穆斯林解决如何生活的问题。埃及的法特瓦理事会之所以获得权力，是因为它在某种程度上促进了"道德修养之路"。[23] 而个人法庭没有履行这种职能。

从伦理学的角度思考权威可以帮助我们理解为什么人们这样做，为什么他们与某些组织机构而不是其他组织机构保持一致，为什么某些价值观被认为是首要的或至高无上的。在第九章我将回到道德这一主题；近年来，它已成为人类学关注的一个主要领域。不过，在本章的最后一节中，我想通过研究人类学记录中的一个近乎神话的案例来探讨上述各点，这是平等主义社会的一个极限实验案例，在这个案例中，唯一的权威往往是没有权威。

国家和无国家

路易斯·亨利·摩尔根不仅因为对血亲和姻亲的兴趣才对易洛魁人的亲属关系进行研究；他还着迷于政治权威如何在母系制度中发挥作用。谁说了算，依据是什么？对于社会进化论者来说，这些都是他们借以计算文化发展阶段的关键问题。在社会进化论失去影响力之后很久，这些问题仍使人类学家着迷。不管他们属于哪个分支——亲属人类学；宗教人类学——我们前文中考虑过的，对中国和埃及的研究也是政治人类学领域的贡献，更具体地说是对国家人类学（anthropology of the state）的贡献。

国家在人类学家如何理解政治组织和权威方面一直扮演着核心角色。在很长一段时间里——实际上直到20世纪70年代——国家都是一个核心参照点。在此之前，当涉及政治组织时，人类学家常常把社会分解为两种类型："国家"或"无国家"。在这个体系中可能有不同的细分类别。阅读文献时，你会读到"原始国家"、"现代国家"和"复合国家"等等。无国家状态有其自身的多样性。在一部以非洲政治制度为重点的经典著作中，编者们区分了（1）政治权威建立在亲属关系，特别是家系的基础上的社会；（2）那些"政治关系与亲属关系紧密相连，亲属关系结构与政治组织完全融合的社会"。[24] 当今大多数人类学家都避免了"融合"（fusion）的概念，因为它表明存在一种叫作"政治"的东西和一种叫作"亲属关系"的东西，并且它们可以融合在一起。我们从对血统的讨论中知道，亲属关系和政治不是这样的"东西"。

不管是否融合在一起，第二种情况中的"无国家"在权威和权力运作的问题上更引人深思；正是在这种文化中，我们发现了人类大家庭中最接近平等主义的东西。在一些小规模的狩猎和采集社会中，我们很难发现权威和歧视的存在。

朱旺人（Chewong）是马来半岛上的一个规模很小的原住

民群体，属于在马来西亚被称为欧瑞阿斯利（Orang Asli）或"原住民"的几个本地群体之一。挪威人类学家西涅·豪厄尔（Signe Howell）在20世纪70年代末和20世纪80年代初进行了两次长时间的田野调查，总共与他们一起生活了20个月，共同在热带雨林中谋生。[25]

朱旺人——或者至少直到20世纪80年代中期的朱旺人——是那种即使是在最后现代的、最没有维多利亚时代习气的人类学家心里也能激发出一丝惊奇的社会。*在豪厄尔来这里做田野调查之前，没有外来者在他们中间生活过。作为一个民族，他们几乎没有接触过外面的世界，除了20世纪30年代驻扎在该地区的英国公园管理员。"人类学家工具包"中几乎没有任何东西被证明对豪厄尔有用——在研究如此偏远的人群时，这种情况倒也并非闻所未闻。

豪厄尔的叙述能让我们一窥自己的过去吗？不能。能让我们瞥见未经修饰且纯洁无瑕的人类本性吗？不能。但它确实帮助我们认识到人类学家有时称之为"激进改变"的可能性。朱旺人的生活就像一种不同的存在方式，一种等级、地位和权威在其中几乎都不存在的生活。社会关系是平等和自主的。[26]就像艾斯艾赫人不愿在足球比赛中取胜一样，朱旺

---

* 朱旺人是上世纪80年代中期被马来西亚政府安排在农村定居的。这种国家支持的项目在许多国家都很常见，包括博茨瓦纳和纳米比亚，那里住着桑族人（San）/纳罗人（Naro）、居和人（Jul'hoan）和其他族群。这些定居点和重新安置经常是被强加给他们的，遭到他们的强烈抵抗。

人刻意避免竞争，如果某个人在某项特定任务上表现得更好——因为体力、灵巧或是其他什么——这一点从来不会得到评价或强调。孩子们不玩竞争性游戏。谈到性和性别角色，虽然他们公认两性之间有一些差异，但这些差异并没有孰高孰低之分。此外，朱旺的神话和宇宙观强调两性平等；在他们的创世神话中，两性同时以同样的方式被创造，男性和女性都参与抚育孩子，父亲由母亲教导如何用母乳喂养孩子。在日常生活中，这种平等观念和平等参与养育儿童的意识体现为一个两阶段的过程。实际上，男性和女性轮流承担养育工作。男性通过在怀孕期间一直和妻子性交来养育孩子。每一次性交都给胎儿提供精液，它在词语的意义上相当于母乳的对应物，被认为是胎儿发育所必需的。然后，在婴儿出生后，就由妇女接管，提供她的母乳。怀孕期间，男性和女性遵守同样的饮食禁忌。[27]

对朱旺人来说，就像对其他狩猎和采集社会的人一样，等级制度和权威与其说是令人憎恶的，不如说是难以理解的。[*]他们传统的生活方式可以帮助我们理解之前提到的玛丽莲·斯特拉森那种观点：用我们自己的分类标准以及道德去

---

[*] 有时它也是令人憎恶的，并非无法衡量的。对另一个狩猎和采集社会，坦桑尼亚的哈扎人来说，确实存在一些次要的权力形式——比如名义上的团体"领袖"。然而，这些领导人的权威受到许多因素的制约，包括团体成员的流动性和财产权的缺乏。没有人是被强制归属该团体的，没有人能积聚威望或权力。哈扎人和其他一些非洲平等社会的例子是詹姆斯·伍德伯恩（James Woodburn）一篇发表于1982年的开创性文章的主题。

理解他人时，会有其局限性。权威的问题从来没有真正出现在朱旺人中间。斯特拉森可能会说"那些妇女的问题"似乎也是如此。如果斯特拉森试图在西方女性主义者对女性从属地位的批评与美拉尼西亚人理解他们自身的"独特本性"之间找到平衡的话，在豪厄尔的研究中，这样的平衡行为似乎完全没有必要。

第八章

CHAPTER 8

理性

我们已经听到了很多次"本地人的观点"这个表述。这无疑是最常见的、关于人类学所追寻的到底是什么的总结。但是还有另外一个传统悠久的总结，即"本地人是如何思考的"。它关注的不是眼睛，而是大脑。不是人们如何看待事物，而是他们如何思考它们。

这两者不是非此即彼的。事实上，人类学所有的奠基人物都在以某种方式关注理性。对布罗尼斯拉夫·马林诺夫斯基来说，强调思想和头脑可能是最终的，也是最重要的事情。持有一种观点，在他看来就是持有一个意见，具有一种想法，以特定的方式"看待"一些东西。弗朗茨·博厄斯所说的"文化的眼镜"也是这个意思。诚然，感知对他的文化观很重要，但思维和心智能力也是与之相辅相成的概念。他于1911年出版的《原始人的心智》（ *The Mind of Primitive Man* ）毫不含糊地阐明了这一点；此外，这是他的所有作品中最通俗可读的，这清楚地表明了他认为，公众知道这部分内容至关重要。投身于思维研究也巩固了那个最接近"人类学教义"的观念：人类的心灵统一性。人类学家从来都不觉得将文化和感官与思维分开有什么意义。我们在世界之中，世界也在我们之中。

现在是我们处理思想和认知问题的时候了，我想通过将一些不同的人类学理论线索串联到一起来解答这个问题，所有这些线索都涉及"当地人是如何思考的"，并且都抛出了人类学家曾提出过的问题中，最具哲理性和让人挠头的那些。说到理性（reason）时，我们经常会发现的是人类学与一个更令人生畏的 r 字开头的词——现实（reality）——的暧昧关系。在引入现实概念之前，让我们先考虑一下它是如何与语言和思想联系在一起的。

现在开始。想象两个汽油桶：一个标有"空"的字样，另一个没有。哪个更危险？

早在 20 世纪 30 年代，康涅狄格州的一名消防安全检查员就发现，在工厂和仓库工作的人往往会认为装满油的油桶更危险，因此在它们周围会格外小心。他们会注意不在这些油桶附近吸烟，对它们轻拿缓放等等。但实际上，空桶更危险，因为空桶里虽然没有汽油，但很可能会保留易燃易爆的汽油蒸气。在"空"桶周围吸烟，你可能会砰的一声被炸飞出去。检查员总结说，问题在于桶的标签。他认为，将它们标记为"空的"，导致工人们只是将他们对这个词通常意义的理解延伸到了这里，用来判断周边的风险水平。"空"在一般语境下意味着"无，没有"，就像我们认为"空枪"和"空洞的威胁"意味着没有危险一样。但是在这里语言让我们的期待落了空，语言犯了一个错误；它提供了一种虚假的安全感。正如检查员所写："我们总是认为我们对语言所做的分析比语言本身更能反映现实。"[1]

这位检查员名叫本杰明·李·沃尔夫（Benjamin Lee Whorf），他是哈特福德火灾保险公司的一名优秀员工，除此之外他还是一名出色的语言学家和业余人类学家。在所有采取人类学路径的语言学研究者中，他可能是将语言、思想和现实是如何紧密交织在一起阐述得最清楚的。语言不是我们通往世界的清晰窗口，思想也不是一个独立于世界而发生的过程。这与我们所说的**我们在世界之中，世界也在我们之中**不是很相似么？

理性与语言

当他不在康涅狄格州各地出差，维护消防安全，沃尔夫就会通过文本研习霍皮语（Hopi）、玛雅象形文字和古阿兹特克语（Aztec）的语法和词汇。他是一位才华横溢、自学成材的语言学家，尽管他也确实受教于博厄斯的学生爱德华·萨丕尔（Edward Sapir）。萨丕尔本人在他的领域就是一位先驱。

沃尔夫曾在萨丕尔担任教授的耶鲁大学担任过一年的讲师。

沃尔夫在1939年发表的最著名的论文《习惯性思维和行为与语言的关系》（The Relation of Habitual Thought and Behavior to Language）中提出，我们所说的语言结构决定了我们在这个世界上感知和行动的方式。他自他所从事的保险业工作中援引了一系列例子来说明这一点。但沃尔夫的结论远比我们在语言符号（"空桶"）和客观状态（充满易燃气体的桶）的不匹配所导致的人为错误的个别例子中所能得到的要深远得多。这种不匹配本身就可以揭示一些美国人的语言意识形态；他们将（太多的？）信任给予了书面文字。沃尔夫的意思是，语言塑造了我们对现实的体验和我们对时间和空间的理解。

为了说明这一点，沃尔夫将霍皮语和他口中的"标准平均欧洲语"*（Standard Average European，缩写为SAE）中的时空表达进行了比较。他在这里的观点是，要想理解语言是如何塑造现实的行为和体验的，我们需要将来自不同语族的语言并置在一起（在这个案例中，分别是犹托－阿兹特克语族 [Uto-Aztecan] 和印欧语族 [Indo-European]）。只是纠结于英语和德语之间的一些有趣但又很小的差别是不行的。当我们在

---

* 沃尔夫提出 SAE 概念，旨在将欧洲现代印欧语族中的语言进行分组，指代一系列有着相似语法、词汇、词源和语序等的语言。而这种相似性在其他语言中并不存在。他认为罗马语和西日耳曼语（包括英语、荷兰语和德语等）是 SAE 的核心语言。——译者注

这种跨度的间隔上比较语言时，就可以看到空间和物理隐喻在 SAE 中有多么重要。我们可以清楚地看到这一点，因为它们在霍皮语中几乎完全不存在。

SAE 将几乎所有的东西都具体化了。在英语中，我们对待椅子和日子的方式是一样的。它们都可以有 10 个。"我有十把椅子。""我有十天时间粉刷房子。"但"十天"显然与"十把椅子"有很大不同，因为一天需要一段通过衡量才得到确立——是度量行为让它成了"一个东西"。它和椅子这样的东西是完全不同的。霍皮人似乎比说 SAE 的人更清楚这一点。在霍皮，没有与 SAE 里的"一天"等同的表达。你不能用霍皮语说"十天"，你必须通过关系来表达数字。你用序数词表示"十"，这样就把它变成了一种关系。所以，在英语里你会说"他们住了十天"，而在霍皮，你会说"他们在第十个日子后离开"。

沃尔夫给出的这种模式的另一个例子是关于时间周期的阶段。以夏季为例，SAE 中的夏季是一个以天文日历上的开始日期和结束日期为标志的季节（2016 年的夏季在北半球为 6 月 20 日至 9 月 22 日）。在霍皮，"夏天"是一种炎热的**体验**；只有温暖的日子才是夏天，所以如果最温暖的日子碰巧是我们公历的 5 月 23 日和 9 月 29 日，那它们就是夏天，沃尔夫将其注释为"当热天出现的时候"。此外，在霍皮，你不会用限定词来标记夏天，你会用状语来修饰它。所以你不会说"这个夏天"；你说"现在正夏天着"。

因此，SAE 是这样一种语言结构，它使说话者倾向于将主观经验客观化，比如对时间的经验。在霍皮，则没有这种倾向。时间、事件和人之间的关系更有关联性，也更主观。

这并不是说，以太阳的升起和落下为标志的地球自转与我们所理解的一天无关。也不是说，霍皮人没有意识到每天太阳都会重新升起。*但每种语言结构都有它独特的、理解现实的方式，而这又影响了行为和思维模式。

沃尔夫在书中举的一个小例子是关于手势的使用的。SAE 使用者经常使用手势和身体语言，尤其是当他们谈论更抽象的话题，比如正义或爱的时候。这是因为他们格外重视客观化，而手势似乎有助于把思想具体化。霍皮人则很少用手势。

在近期的一项研究中，我们看到了空间的分类是如何影响人们认知周围环境的。[2] 在澳大利亚一个原住民部落的库塔语（Kuuk Thaayorre）里，空间是用基础性术语来定义的，而非关系性术语。对于以英语为母语的人来说，使用关系性术语非常常见。一个人可能会用"左边的树"或"右边的树"来区分两棵树。当然，这么说是在假定一个特定的主观位置——但是，以英语为母语的人常常假定自己的主观位置

---

* 这一点非常重要。我们知道，在任何特定的文化中，人们可以拥有不止一种对时间的理解或对时间性的体验（Munn，1992）。此外，对线性时间和因果关系的基本感觉是认知的一般特征（Bloch，2012）。人类学家尚未发现某种文化中人们认为可以在吃了煮鸡蛋**之后**才煮鸡蛋。

才是最重要的！所以，严格地说，这是一种对空间的相对描述（它潜藏在个体的意识形态中）。同一个说英语的人完全有可能使用基础性术语说"东边的树"和"西边的树"。但只有专精某种技术的人才有可能达到这样的精准度，比如树木医生，或者是在森林里指示方向的军队侦察兵。然而，库塔语的特征是，即使是在最琐碎和最具体的事情上，也总是使用基础术语。所以讲库塔语的人不会说"你的左脸颊上沾了油漆"；他们会说"你的西脸颊上沾了油漆"。在感性和行为特质方面，这意味着库塔人时刻关注他们所处的绝对位置；他们是出色的领航员和向导。

在沃尔夫富有原创性的研究中，一个更为重要和有潜在深远影响的例子涉及他所谓的霍皮人对"预备行为"的偏好。这在一定程度上是缘于他们对时间的态度，这点在其语言中也有所体现。他告诉我们，霍皮人在进行重大活动，如播种庄稼之前要做一系列复杂的准备。可能涉及的活动从私人的祈祷和冥想，反思活动本身，到公开宣言（由一位名为"传令酋长"的特殊人物发布）和各种形式的活动，其中可能包括象征性的交感行为，如跑步和其他形式的强化锻炼（被认为可以使庄稼"强壮"和"健康"）。此外，这类行为被认为会对事件产生影响。为长途旅行或播种庄稼做好充分准备，被认为可以增加成功的可能性。对霍皮人来说，思想是世界上的一种力量，并且会"在所有地方留下影响的痕迹"。[3]

虽然他们的研究项目之间没有直接的联系，但不难看出沃尔夫在他对霍皮语言和文化的研究中的描述，可以与马塞尔·莫斯在他所称的"古式社会"（archaic societies）中对交换的理解联系起来。回想一下，在库拉圈的文化中，或者在毛利人中间，许多物品都被认为是有能动性和个性的——本质上，沃尔夫可能会说，它们"在所有地方留下了影响的迹象"。礼物是互惠的，因为它们包含了送礼者的某种灵力（即毛利语的 hau），而它要求着回报。在这种对世界的理解里，有生命和无生命、个人和非个人以及精神和物质之间的界限比现代西方的相应框架要松散得多。实际上，可以说 SAE 语言的结构在西方关于交换的意识形态中起着重要作用。一开始它把所有事物都客体化，而不是拟人化。这是西方人的客体化倾向的另一个方面。

这是否有助于解释资本主义为何在西方得到发展？SAE 的架构中是否有某种东西可以促成一个经济体系的发展，在这个体系中，事物的价值越来越容易被客观化和量化——从我们双手的劳动，到时间之沙？甚至爱？沃尔夫没有得出这样总括性的结论。他也不认为语言是塑造思维和行为模式的**唯一**因素。[4]这是他的批评者常常误解的一点。但语言的确**是**一个因素，沃尔夫确实有足够的信心对中世纪以来西方文化的发展做出有启发性的反思，在这些发展中，语言、经济和科学必须被视为相互构成的。他写道："工业和贸易上计量的需要，计量单位和重量单位的标准化，时钟和'时间'量度的发明，账目、编年、历史和数学的发展，以及数学与科学的伙伴关系，共同把我们的思想和语言世界塑造成了现在的样子。"[5]

如果我们想了解人们是如何推理的，那么考虑一下语言相对性原则会很有帮助。众所周知，每当"相对性"出现在一个复合概念之中时，它的反对者都会立刻抗议，担心它缺乏底线，或意味着所有事都是可行的。正如我在讨论道德和伦理问题时所讨论过的那样，然而，在语言方面，重要的是要认识到这一原则并不意味着我们不可以有底线。沃尔夫的出发点是现实。甚至不是带着重引号的"现实"——他对真正的现实非常满意。沃尔夫对现实非常熟悉，毕竟他是一名保险从业者。如果汽油桶里有油雾，它就完全可能会爆炸，不管那个汽油桶是在某个普韦布洛里，还是在新英格兰的工厂车间。但是很明显，我们如何用语言将这些事物编码为"危险"或"风险"会产生意义重大的后果。

"我们是鹦鹉"

关注语言、思想和真实之关系的另一个原因，与意义和理解的问题有关。这成了人类学的一个长期兴趣：人们有时会说一些看似古怪和不知所云的东西。人类学家一直对听起来值得一探究竟的奇特主张感兴趣，一些经典例子如"我们是鹦鹉"（巴西的波洛洛人）和"双胞胎是鸟"（尼罗河流域的努尔人）。在某些语境下，努尔人也将黄瓜称为牛。这些经典案例在当代也有类似的例子；例如，在莫桑比克的马孔德人（Makonde）中，人们会提到"狮子人"，而在亚马孙河流域的雅韦提人（Araweté）中，美洲虎也是人（还有许多其他动物也是如此——尽管不是全部）。几乎所有这些案例都导致了争议性的问题，有时甚至引发激烈的政治冲突：其中最著名的一次事件发生在1779年，我们无法确定，夏威夷人在杀死詹姆斯·库克船长时，是否认为他是他们的神"Lono"的化身。更普遍地说，人类学对某些推理和说话方式的惯用法有很大的兴趣——并不一定是关注诸如"我们是鹦鹉"之类的陈述，他们还会关注更多的与超自然、神秘或神秘学相关的分散的记录。我参加过不止一次人类学研讨会，在其中我听说过宇宙蜘蛛、巫术精灵的活动、偷脂肪者和吸血鬼等。我听说所罗门群岛有一支地下军队（即在地面之下活动的秘密部队），象牙海岸阿比让（Abidjan, Ivory Coast）的年轻人认为汤米·希尔费格牌衬衫具有神秘的力量，亚利桑那州的新纪元运动（New Age）追随者则想通过篝火轮替（fire-spinning）集会，从塞多纳（Sedona）及其周围的能量线（ley line）上汲取能量和洞察力。

　　在我们进一步深入讨论之前，重要的是要知道人类学家

从来不互相询问彼此是否"相信"宇宙蜘蛛、吸血鬼或能量线——他们是否认为这些都是真的。比如在那个关于宇宙蜘蛛的研讨会上（这个例子发生在中国西南部），在问答环节中，房间里没有一个人停下来说："对不起，但是你究竟在说**什么东西**？"如果有某些不太懂事的人真的提出这样的质疑，或更委婉的类似质疑时，最常见的回答是诉诸"社会事实"的概念。也就是说，不管它是真的还是假的，它都向我们透露了研究对象认识世界并在其中行动的方式。我本人在津巴布韦花了18个月研究一间每周举行驱魔仪式的教堂。我观察了其中几十个仪式。我并不认为扮演神学家、哲学家或驱魔人是我的职责所在。我在那里是为了了解那些执行、经历和见证这些行为的人们是如何将附身（possession）观念融入他们对人格、道德和身体健康，以及殖民统治遗产和基督教伦理的更广泛的理解中的。这一切都不需要我们知道那些鬼魂是否真的存在。

但这不是故事的全部，它也无助于我们讨论人类学可以教给我们关于理性和现实的一些更重要的问题。在列举了一系列有时被冠以"明显的非理性信念"的东西之后，我想回头重新从那些人们对其语言做过最多研究的民族开始，比如波洛洛人[6]。

波洛洛人生活在巴西和玻利维亚之间的亚马孙河流域地区。自1880年代德国民族学家和医生卡尔·冯·登·施泰宁

（Karl von den Steinen）对巴西中部进行两次考察以来，他们一直是人类学感兴趣的主题。冯·登·施泰宁记录中的一件事是，波洛洛人说"我们是鹦鹉"。这一说法被这个学科中许多重要人物，特别是1950年代那些学者都评论过，如：詹姆斯·弗雷泽（James Frazer）、涂尔干、莫斯、马林诺夫斯基、埃文思－普里查德、列维－斯特劳斯和克利福德·格尔茨；他们都对"波洛洛人是鹦鹉"有所评论。从那以后，人们对他们的兴趣变得零星，但仍然存在。

正如你可能猜到的那样，这并不是像直接将波洛洛人定义成诗意的人那么简单。我们可以很容易地把"我们是鹦鹉"这样的短语理解为一种比喻。但最早的人类学家不是这样理解的。他们认为，当像波洛洛人这样的人，也就是说那些"原始"的人，说出这样的话时他们是真心的，他们所表达的就是字面的意思。

在维多利亚时代和19世纪末（fin de siècle）的法国，比喻思维和语言的运用能力被认为是进化到更高级阶段的又一标志。就像爱德华·伯内特·泰勒和他的同时代人注重亲属制度和政治组织等一样，他们在评价文明时将注意力转向了思维和思考能力。在《对人类早期历史和文明发展的研究》（*Researches into the Early History of Mankind and the Development of Civilization*）中，泰勒主要围绕他认为野蛮人无法把握"主观联系"（subjective connexions）来展开论述的，他指的是一个符号和它的对应物之间的象征性联系。他以一幅男性的画像为例。他认为，在原始族群中，人们无法将画像和画像中描绘的人区别开来；两者将被视为同一整体的一部分，例如，对画像的伤害将导致对人的伤害。原始人也被认为用"拜物主义"来填充他们的世界：无生命的物体被他们误认为是有生命的力量。（对泰勒来说，这种混淆远远不只出现于野蛮阶段；就连罗马天主教徒，也带着他们所有的圣人遗迹和画像掉进了这个陷阱。）

冯·登·施泰宁实际上采取了一种稍有保留的观点。然而，他关于字面意思的评论却引起了别人的兴趣，尤其是法国哲学家吕西安·列维-布留尔（Lucien Lévy-Bruhl）。列维-布留尔在他 1910 年出版的巨著《土著如何思考》（*How Natives Think*）中谈到了这一点。* 和泰勒一样，他认为，原始人无法掌握比喻性的思想和语言。与泰勒不同的是，列维-布留尔认为自己提出这一论点是为了保护他们。换句话说，他否认了几乎每个人类学家在当时和现在都接受的人类心灵统一性原则。对列维-布留尔来说，波洛洛人并不只是社会进化阶梯上的下层；他们是本质上和我们完全不同的人。

---

* 实际上，它的法语原名是《下层社会的心理功能》（*Les Fonctions Mentales dans les Sociétés Inférieures*）。英语译本直到 1926 年才出版，它的英文标题更多地反映了英国人对"土著"（native）一词的喜好，尽管它并没有弱化法国人对思想和心态的兴趣。事实上，如果说有什么不同的话，法国人类学更专注于思维，当我们后面提到克洛德·列维-斯特劳斯时，将继续讨论这一点。

《土著如何思考》参考了各种各样的民族志数据，但波洛洛岛上的数据（由冯·登·施泰宁收集）在其中占据了独一无二的首要地位。列维-布留尔一次又一次地回到"我们是鹦鹉"这个说法，以及冯·登·施泰宁对它的思考。"这既不是他们给自己起的名字，"列维-布留尔写道，"也不是他们声称存在的某种关系。他们想用它来表达的是真实的身份认同。"[7] 他利用他所说的"参与法则"（law of participation）解释了这一认同。这是指一种"原始心态 [在这种心态中]，物体、存在、[和] 现象可以是它们自己，也可以是除了它们自己之外的其他东西。尽管在某种程度上对我们来说是不可理解的。"[8]

列维-布留尔比他年纪稍轻的同胞马塞尔·莫斯走得更远。我们已经对莫斯主张某些物体如何可以是"它们自己和其他不属于它们的东西"进行了思考。在西方社会，在传家宝和国宝这些例子中，我们甚至也可以认出这种思维方式。然而，通过"参与法则"的概念，列维-布留尔对大脑的运作提出了更为重要的主张，并坚持一种甚至连社会进化论者都没有做出过的区分。

列维-布留尔一直因其对心灵统一性的否认而受到批评，即使是那些认为他的作品富有深刻见解的人也不赞同这一点。许多人类学家还指控他过分渲染波洛洛人和英国人之间的差异，作为"土著"思考的时候，前者并不那么具有异国情调，后者也没有那么乏味无聊。这个反对夸大差异的论点当然很有道理。对于一个波洛洛人可能声称自己是鹦鹉的每一种原因，都可能有九倍数量的完全"合理"的解释，而且它们很可能完全是些是稀松平常的声明和信念。

巫术与常识

埃文斯-普里查德是列维-布留尔最重要的批评者之一，他的经典著作《阿赞德人的巫术、神谕和魔法》(*Witchcraft, Oracles, and Magic among the Azande*)，被公认是对列维-布留尔最臭名昭著的立场的一部反驳著作。这本书的价值还远不止于此：它是人类学史上最为历久弥新的经典之一，每一代人类学学生都必须阅读它。它超越了非洲研究的范畴，至今仍在持续引起争论和兴趣。

埃文斯-普里查德，或如他被熟知的那样，简称为 E-P，于 20 世纪 20 年代在伦敦政治经济学院获得博士学位。在开罗和剑桥分别度过一段时间后，他搬到牛津，在那里度过了余下的学术生涯。他的大部分田野调查是在今天的苏丹和南苏丹进行的。除了研究阿赞德人之外，他在努埃尔人中的工作也很出名（我们先前已经讨论过努埃尔人对金钱和血缘的态度了）。

《巫术、神谕和魔法》旨在解释这些东西在阿赞德社会中的作用（E-P 20世纪20年代末在那里工作）。E-P告诉我们，任何人在阿赞德待上几周或更长时间后，都会意识到这些东西有多重要，因为它们位于人们日常关注和兴趣的中心。事故和不幸被认为是巫术造成的，而神谕和魔法以各自的方式帮助抵御或减轻巫术的影响。虽然这三者都很重要，而且相互关联，但在这里我将集中讨论E-P对巫术的研究，部分原因是对巫术的研究至今仍是本学科的核心。实际上，巫术是常见于民族志记录中的另一种看似"传统"，但同时又能毫无障碍地与现代性共存的习俗。

巫术是由巫师施行的，这丝毫不会让人感到奇怪。然而，阿赞德人巫术的首要方面，也是最引人注目的方面之一是，他们对巫师本人毫不关心。他们对巫师是谁——在抽象层面上——以及巫师是什么有着详尽而复杂的理解。男女都可以是巫师；这是父亲传给儿子、母亲传给女儿的遗传"特质"（但不同性别不能交叉遗传）；该特质是一种物质实体，存在于小肠中。阿赞德并不关心巫师，E-P告诉我们，因为至少当他们施行巫术时，人们不一定知道他们是巫师。部分原因也是因为他们从一开始就很少强调个体和有边界的人格的概念。

于是，巫术存在于话语及其效果中。人们谈论它，并观察它的影响，可以说，人们用它"思考"。这样，E-P就把巫术当作一种"习语"，一种谈论和推理世界事件的方式，尤其是那些不幸事件：疾病和死亡、家庭纠纷、欠收和受挫的旅程等。所有这些都会被理解为巫术的产物。

这并不是说阿赞德人不能认识物理、化学和生物科学的运作——也就是说，自然法则的运作，或者更直白地说，现实世界。E-P 解释说，他的意思是阿赞德人对事情是**如何**发生和**为什么**发生有很强的区分；而巫术就是将如何和为什么联系在一起的东西。他的一个著名例子是一座粮仓的倒塌。阿赞德人把谷物储存在比地面稍高的谷仓里，以保护它们免受害虫和潮湿的最恶劣影响。这些谷仓的底部很适合用来乘凉，阿赞德人经常会利用这一点。然而，在极少数情况下，谷仓也会倒塌——因为无法完全解决潮湿和白蚁的问题——因此，有时阿赞德人就会被埋在一堆谷物中。阿赞德人非常清楚谷仓是因湿度和白蚁而坍塌的；他们自己提出的问题是，为什么在这样或那样的情况下，这样或那样的粮仓会塌在这样或那样的人身上？答案是巫术。那个人倒霉是因为做了一些扰乱或冒犯巫师的事情。他或她的行为和幸福承受着道德关系的重负。

在他的整个作品中，E-P 一次又一次地提醒读者，巫术当然不是真实存在的。与此同时，他也不断努力让阿赞德人不显得那么有异国色彩，并让他的西方读者相应地带上一些异国色彩。没错，这当然很奇怪，他说，这违背了某种常识。但他也以一种微妙而礼貌的方式辩称，常识的确只是某种意义上的常识，从其本身来看，阿赞德人对巫术的信念是完全合理的。他说，归根结底巫术的功能是调节人们之间的关系，强化他们的文化价值。它也是一个令人钦佩的自然哲学体系；难道我们在生活中遇到奇迹和困惑的时候，不也都会问"为什么"吗？对巫术的信仰与人类责任和对自然的理性认识是完全一致的。[9]

有一次，E-P甚至提出阿赞德巫术习语听起来很像西方的好运习语（idiom of luck）。这种打压更傲慢的西方读者之优越感的努力，是使得 E-P 成为一名以细致入微为特质的分析家的部分表现。他指出了一个现象。如果我们坐在谷仓下面，它倒塌了，我们可能会说是运气不好。我们甚至可能会像阿赞德人一样问，为什么是我们？我们做了什么才遭受这个？事实上，鉴于这类问题的明显性质，我认为在"运气"这一点上，甚至可以比 E-P 的本意更进一步来论述。比如说，在疾病的问题上，他划了一条界线，对医学事实不加质疑。我们知道癌症不是我们冤枉了某个邻居的结果；我们甚至知道，虽然感染艾滋病毒可能是使用另一名海洛因成瘾者受感染的注射器所致，但在道德层面上，吸毒与检测呈阳性之间没有因果关系。然而，对艾滋病毒阳性患者的污名仍然存在；艾滋病在道德上的负面意义是一个社会事实。不管它在现实中有没有根据，它都会产生影响。癌症也是如此；它经常招致耻辱，经常促使人们提出这样一个问题：我做了什么，才让我遭受这个？

所以，回到那种老派的说法上，"我们"没有那么文明开化，"他们"也没有那么原始。我们不是现代的，他们也不是传统的。我们不那么科学，他们也不那么神秘。我们不是那么理性，他们也不是那么非理性。"将不幸归因于巫术并不意味着排除我们眼中的真实原因，而是将其叠加在真实原因之上，赋予社会事件道德价值。"[10] 把"巫术"换成"运气"或"不好的行为"，或者换成"罪恶"，就离利兹（Leeds）或科罗拉多泉（Colorado Springs）人的看法不远了。

埃文斯－普里查德使阿赞德人去异国化的努力，是人类学家推倒自身启蒙偶像的悠久而杰出传统的一部分。E-P 会毫不迟疑地谈到常识和破除迷信，同时，E-P 也在他的作品中偶尔暗示自己要对魔法世界保持开放态度。在他关于阿赞德人的工作中，很早就开始谈及巫术了，阿赞德人说巫术发生的那一刻就像火或光。"我只见过一次进行中的巫术。"E-P 写道。没有跳过一个瞬间，也没有一丝偏离他清晰而清醒的牛津－剑桥风格的行文。在一次常规的夜间散步中，他看到了这样一道光，但无法找到它的来源。第二天早上，他得知一位邻居去世了。他说，那道光"可能只是有人在他上大号的路上点燃了一把草，但光移动的方向和随后的死亡事件都符合阿赞德人的观念"。[11]

许多人类学家会对这种可能性持开放态度。他们至少不会公开嘲笑它。尽管如此，大多数人绝不会相信这种观念并将其形诸文字，大多数人都试图提出——并不是没有道理的——明显非理性的信仰、神秘的参与形式、巫术等在他们的信念体系里是合理的，有时甚至在我们的体系里也是合理的。

回到波洛洛

关于波洛洛人自称为鹦鹉到底意味着什么的学科内讨论当然是沿着这个方向进行的。在列维–布留尔之后，人们对波洛洛人所言的兴趣转向了用比喻的方式来解释它；而在此之前他们曾被认为不具备比喻的能力。例如，列维–斯特劳斯几乎毫不在意列维–布留尔的结论，后者认为这种说法是隐喻性的，它指向的是图腾在这种文化中的重要性。然后，在20世纪70年代，一位人类学家克里斯托弗·克罗克（J. Christopher Crocker）最终对波洛洛人进行了深入的、基于田野调查的研究后，补充了一些重要的细节。*

首先，克罗克告诉我们，只有男人会说他们是鹦鹉，而且他们也只有在某些情况下才会这样说。其次，鹦鹉（或者更具体地说，红色金刚鹦鹉）是和神灵相关联的，这是因为神灵和鹦鹉都是明亮的颜色，也因为它们都可以在遥远的悬

---

*　在此之前，这些辩论是基于冯·登·施泰宁的早期评论、一些天主教牧师的研究以及列维·施特劳斯的一些著作，但他在20世纪30年代只在波洛洛待了几周。

崖表面的猛禽巢穴和某些树的顶部被发现。这部分意味着鹦鹉（所有鹦鹉，不仅仅是红色金刚鹦鹉），或者更具体地说，鹦鹉的的羽毛是仪式表演中的重要装饰，而许多仪式是由男性主导的。为此，鹦鹉羽毛倍受重视；男人和女人都把他们的私人收藏储存在用棕榈树干制成的保险箱里。这些羽毛很多都是波洛洛人从野鸟身上采来的，但他们也饲养鹦鹉作为宠物——这是他们驯养的唯一一种宠物。波洛洛人确实有狗，巴西人还引进了鸡和猪，但这些动物都没有被赋予情感连结。人们喜爱鹦鹉、为它取名，甚至为它举行葬礼（这不同于其他动物）。尽管它们确实有时会被羞辱：在村庄举行重大仪式之前，这些心爱的宠物会被拔光羽毛，至少暂时成为"可怜的被剥光了，剩下一团赤裸的皮肉和骨头的东西"。[12]

　　那么，显然鹦鹉很重要。它们是一种象征性的纽带，通过一个复杂的仪式系统将人、神灵和团体（部落）联系在一起。但事情的关键是：所有的宠物鹦鹉都由女性拥有，而且在某种意义上，男性也一样。波洛洛人社会是个母系社会，同时也是入赘制的社会（也就是说，男性与他妻子的家人住在一起）。所以一名男性会被拉向两个方向，并负有两套义务和情感关系。回到他的原生家庭时，他负责照顾他的姐妹和她们的孩子。但他也是他妻子的丈夫。克罗克告诉我们，婚姻往往是出于爱情的结合；但尽管如此，男性总会觉得自己在妻子的亲属中间像个外人。仪式制度是他实施逃避的途径之一。在仪式中，他扮演了重要的角色"神灵"。于是，通过自称鹦鹉，基于他们与这些鸟共有的一些关键特征，男性就在自己和鹦鹉之间建立了一种隐喻性的联系。像鹦鹉一样，他们是仪式经济的重要组成部分；而且和鹦鹉一样，他们也是一种宠物。强大，但还不足够强大。有掌控力，但也并未实际掌控事务。在说"我们是鹦鹉"时，男性想做的是"表达对他们男性处境的反讽"。[13]

克罗克的结论并没有终结这场辩论。亚马孙河流域研究的领军人物特伦斯·特纳（Terence Turner）对克罗克强调隐喻和反讽表示异议；他辩称，我们在这里所发现的是提喻（synecdoche）——事实上不仅如此，他称之为"超级提喻"（super synecdoche）。[14]在这里我不会花时间专门来解释这个论点，也不会解释什么可以使提喻变得超级；我只想说，这是一个精彩的分析，但却引出了一个问题：然后呢？无论如何，我们现在正在处理的问题往往只会激发最具天赋和激情的文学批评家的兴趣。

但这不仅仅是学术上玩弄文字的把戏。关于提喻和反讽哪个更精准的争论，对于我们如何理解一种文化逻辑是至关重要的。关注任何既定社区中的比喻性表达，不仅是了解该社区价值观的好方法，也有助于了解其成员如何为知识排序并进行分类。我们经常用比喻的语言来说明对我们来说什么重要，什么不重要，哪些明确的区别已经被掌握了，哪些还没有，我们理解了什么，哪些还不清楚或者还是混乱的。

我最喜欢的一个例子非常简单，但却很能说明问题。对于在与地中海世界截然不同的环境里工作的基督教传教士来说，有时必须在殖民地和更偏远的后殖民环境中修改《圣经》中的传统隐喻和形象。所以，对于巴布亚新几内亚的古胡-萨马内人（Guhu-Samane）来说，"上帝的羔羊"变成了"上帝的烤猪"，[15] 当地人不知道羔羊是什么，所以为了传达耶稣牺牲的重要性，翻译们把目光转向了猪，古胡-萨马内人很了解猪（它也是美拉尼西亚地区常见的祭品）。隐喻和其他修辞手法就是这样起作用的：是用你所了解的事物（猪的特征和品质）让你理解你所不了解的事物（耶稣的特征和品质）。隐喻所做的是突出共同的含义和关联。当然，在许多其他方面，耶稣和羔羊或猪是不同且各具特点的。但当一个古胡-萨马内人第一次听到耶稣是上帝的烤猪时，她所了解到的是，耶稣在某些方面就像这种动物——总而言之，是一种重要的祭品。

正是克罗克对波洛洛宇宙学、图腾、性别关系、亲属制度、仪式生活和宠物饲养实践的深入了解，使他能够理解和传达波洛洛男性（有些时候）所说的这个比喻。然而，这一切中仍有一个纠缠不休的问题始终困扰着一些人类学家。因为假设什么是"字面的"而什么是"比喻的"在不同文化间可以有一致的理解，特别是当我们试图理解（"异国的"）当地人是如何思考的时候，难道这不是一种危险的倾向吗？我们又回到了现实。

这是一些人类学家在讨论理性和合理性时一直想提出的那种问题。将论证推到极端的话，依靠类比（谈论巫术就像谈论坏运气）和运用比喻（波洛洛男性是在反讽）会冒着把文化差异降低到很次要的地位上的风险。"他们实际上真的和我们一样"听起来是对对方的尊重，但它也可能会赋予另一层含义，也就是"意识的殖民化"。正如一位人类学家所说，把别人所说的话解释成复杂精巧的比喻，可以使他们获得某种"认知上的尊重"，但我们最好"把关于世界的字面表述看作其本身，不管它们的内容有多奇怪，而不要把它们仅仅看作思维模式运作中结构区别的另一个例子"。[16]

一些人类学家会这样做——或者尝试这样做。有些人甚至一开始就放弃了区分字面和比喻的语言：这种框架本身依赖于某些假设。例如埃文斯－普里查德有时就是这样做的，其范围远远不止他目击巫术之光这么简单。当他把注意力从阿赞德人转到声称"双胞胎是鸟"的努尔人身上时，他的确试图把它变成一种比喻性的东西，但他也指出（但并没有完全否认），从努尔人的角度来看，"字面的"和"比喻性的"都没有真正抓住他们的核心意思。克罗克还在评论中说，列维－布留尔对波洛洛人所言的分析比列维－斯特劳斯的分析更加准确——至少在视角层面上是如此。列维－布留尔的分析基于实际的身份认同理念，而列维－斯特劳斯的分析依赖于普世理性的隐喻式的安全之网。

另一种观点

在过去二十年里，与拆除隐喻式的安全之网关系最密切的人类学家之一是爱德华多·维韦罗斯·德·卡斯特罗（Eduardo Viveiros de Castro）。维韦罗斯·德·卡斯特罗是里约热内卢国家博物馆的教授，在图皮－瓜拉尼（Tupi-Guarani）语系亚马孙部落雅韦提人（Araweté）中间进行了广泛的田野调查。*他于1986年出版了一本关于雅韦提人的有影响力的著作（英文译本于1992年出版）。此书更广泛地借鉴了民族志记录，将雅韦提人置于与其他美洲印第安人群体的关系之中。正是在这本书以及他在1998年发表的一篇关于他称之为"美洲印第安人视角主义"（Amerindian perspectivism）的概念的后续文章中，他的研究路径才真正引起了人们的关注。[17] 简单地说，他要求我们在这项工作中克制使用西方术语理解美洲印第安人的冲动，拒绝将他们纳入建立在普世性或"真正的现实"基础上的文化差异景观中。在这种人类学中，任务并不仅限于弄清楚当地人是怎么思考的。这只是第一步。第

---

* 雅韦提人从来不这样称呼自己；这是1977年巴西国家印第安人基金会给他们起的名字。他们总是把自己称为"bïde"，意思是"人类"或者"人"。

二步是像当地人一样思考，至少它达到了扰乱了我们常规思考方式的程度。

维韦罗斯·德·卡斯特罗认为，与许多其他美洲印第安人团体一样，在雅韦提人中有许多关于宇宙的，本质上截然不同的前提和假设。也许最重要的一点是，如果我们关注美洲印第安人的神话，我们会看到人类和动物有着一种共同的原始状态。这种状态，是我们无论如何都无法在犹太－基督教框架中找到的。在犹太－基督教框架中，人类统治动物，并具有独一无二的性质。在基于自然选择的进化科学中，我们也没有发现这一点。在自然选择的进化科学中，人类是动物，尽管是一种独特的动物，在能够习得文化方面独一无二。在美洲印第安人的宇宙观中，"人性"是原始状态；这是所有生物共有的。那么，使人类独特的不是他们的文化发展（在西方看来，这种发展要么是上天注定的，要么是进化的结果，要么是两者都有），而是他们在自然方面的发展。在许多美洲印第安人的神话中，是动物失去了人性，而在西方的神话和科学中，人类所做的是超越了他们的动物性。要想理解**这些**当地人的想法，维韦罗斯·德·卡斯特罗认为，我们需要认真对待这一区别。其中的一个要点是，基于人类与非人类、文化与自然、主体与客体等一系列明确区分的、以人为核心的人类学路径，既不是彻底的，也不是唯一的思考方式。

说动物失去了人性，这并不意味着它们就像纯粹的自然一样是非理性的了。实际上，维韦罗斯·德·卡斯特罗和许多其他人类学家都曾辩称，美洲印第安人宇宙观的一个共同特点是强调"视角主义"。许多动物物种被认为保留了能动性和自我意识；它们和人类一样有着"视角"，它们占有自己的文化世界。这部分意味着美洲印第安人有着一种更具关系性和内在联系的世界观。当他们思考自己所行之事，以及如何行事时，他们基于一种理解和期待，那就是其他有知觉的生物也会这样做。

所以，所有这些人类与非人类、主体与客体之间的划分，对于雅韦提人来说都不像它们在西方的构想中那么清晰。维韦罗斯·德·卡斯特罗指出："美洲印第安人在他们自己与著名的笛卡尔对立之间划清界限。"他所指的是勒内·笛卡尔（René Descartes）著名的心—身二元论。[18] 美洲印第安人的世界观是一种万物相互联结、相互赋予特征的世界观；其中的界限和区别比西方或西方化的体系要宽松得多。美洲印第安人的视角主义是这一领域另一位重要人类学家所说的"关系性非二元论"（relational non-dualism）的一个例子。[19] 一切都是相互关联的。

对于维韦罗斯·德·卡斯特罗来说，摆脱隐喻的安全网并不意味着摆脱隐喻。他不带做作或虚伪地说，波洛洛人所说的话必须被视作一种修辞。"波洛洛男人和努尔人双胞胎不会飞。"他在他关于雅韦提人的书中这样肯定地说道。[20] 与此同时，他以一种非常实际的方式，采用了美洲印第安人的视角主义，即动物将自己视为人。"这种'视为'是种字面上的认知，而不是概念的类比。"[21] 换句话说，这既不是比喻，也不是讽刺，也不是超级提喻。

也许理解这种"既是—又是"研究进路的最佳方式是回过头来考察这种人类学背后的意图。这种视角进路超越了马林诺夫斯基和其他许多人所倡导的那种——在其中，当地人的思维方式改变了人类学家自身的立场。就维韦罗斯·德·卡斯特罗而言，每一个人类学项目都应该包含一些外来的和异质性的东西，这些东西不仅会挑战和扰乱学术分析术语，而且会重新定义它们的含义和它们所产出的思维工作。从这个路径出发，人类学应该永远对感到惊奇的可能性持开放态度。[22]

在维韦罗斯·德·卡斯特罗的研究中，理解的关键点在于，当美洲印第安人自称为鹦鹉或美洲豹时，我们不应该把鹦鹉和美洲豹（只）视为属于这个世界的动物，用我们称之为"名词"的词来指代。* 在美洲印第安人看来，"美洲豹"更像是一种行动的性质，而非名词。"美洲豹"实际上的意思更接近于"成为美洲豹"（jaguar becoming）——这么用英语说出来就显得很突兀。但它的确更好地抓住了这样一个事实，

---

* 维韦罗斯·德·卡斯特罗不常写鹦鹉，但他经常提到美洲豹，它是许多美洲印第安人，包括雅韦提人宇宙观中的重要生物（人）。在他的书中，他着重叙述了一个案例，16 世纪的一位酋长告诉一位德国探险家："我是美洲豹。"

即重点应该是"动词的性质，而不是谓语"。[23]

阅读像维韦罗斯·德·卡斯特罗这样的人类学家的作品，就像阅读一位致力于拓展文体形式的小说家：詹姆斯·乔伊斯（James Joyce）、格特鲁德·斯坦因（Gertrude Stein）或大卫·福斯特·华莱士（David Foster Wallace）。如果你不完全沉浸于其中，在某种意义上甚至向他们交出自己的话，你就无法真正理解他们在做什么。这对于某些行文貌似清晰的人类学家来说，也是如此。以玛丽莲·斯特拉森为例。如果你读她的作品，一开始总是很容易。她的文风相对直接，而且容易看懂。比方说，她的杰作《礼物的性别》中任何单独的一句话都是可被理解的。但是，如果你继续读一整段这种似乎晓畅易读的句子，就会开始失去耐心。读完这本书的一章后，你可能会开始痛苦地揪头发。她没有按正常的方式使用英语；她让美拉尼西亚人侵入了她的行文。她要求读者以不同的方式思考。所以，要真正了解她在讲什么，你必须投身进入她的行文逻辑。

以这样或那样的方式，本章中列出的所有方法的目的都是相同的。从另类的语言学家本杰明·李·沃尔夫，到相当合乎理性的爱德华·埃文斯－普里查德爵士，再到自称激进的爱德华多·维韦罗斯·德·卡斯特罗，他们共同指出的一点是，我们不能把我们的知识范畴和知识领域视为不言自明的。事物的秩序有时也是一种流动的存在。对大多数人类学家来说，这相当于对其他生活方式进行分类归档。然而，对另一些人来说，它也开辟了其他的生活模式。

被揭露的生活

关于这点，我想提出最后一个例子，一个离亚马孙丛林和阿赞德谷仓潮湿底部都很远的例子。[24] 但是，在这里讨论这个例子很有帮助，因为它可以向我们展示事物的秩序如何可以根本上被重新配置，常识和理性又是如何受到文化制约的——即使在这个案例中，"文化"已经接近于字面意义上和比喻意义上的毁灭。

1986 年 4 月的一个午夜，乌克兰切尔诺贝利核反应堆的一个装置爆炸了，向空中发射了 8 公里长的放射性物质烟羽。爆炸是因为工程师为测试反应炉在没有蒸汽供应的情况下可以运行多长时间而做的实验出了岔子。在随后的几天里，随着苏联当局试图控制局势，损失变得更加严重，原因既有当局试图扑灭燃烧的石墨堆芯的方式不当（向其倾倒数吨重的沙子、白云石和其他抑燃物质，但这只会加剧热量的累积），也有部分原因是克里姆林宫的沉默；在长达 18 天的时间里，灾难都没有被公之于世。在此期间，上万人暴露在放射性物质碘-131 之中，这造成此后四年内甲状腺癌病例激增。苏联的补救努力着重体现在现场的 237 名工人身上，他们都被送到莫斯科的一个专门机构治疗。然而，总的来说，估计有 60 万人因这场灾难而死亡或产生严重的健康问题。

1992 年，阿德里安娜·彼得雷纳（Adriana Petryna）开始对切尔诺贝利的灾难进行人类学研究，她的研究重点是科学家、医学专家和政治家，以及最重要的，受害者们之间的紧密联系网络——其中许多人是事后被雇佣来清理的消防员、士兵和工人，他们的麻烦在爆炸后才开始。彼得雷纳是在苏联解体后才开始田野调查的，她的部分兴趣在于乌克兰作为一个新独立的后苏联国家，如何应对这场危机的后续影响。在苏联解体之前，乌克兰对承认切尔诺贝利的巨大影响一直持强硬态度。在新独立的乌克兰，这一路线几乎被抹去了，因为国家显著降低了受害者识别的门槛。在 20 世纪 90 年代，乌克兰有 5% 的人口——350 万人——要求获得赔偿和特殊形式的国家补贴。同期国家年度预算的 5% 都用于处理切尔诺贝利事故及其后果，包括环境后果和人类后果。乌克兰近 9% 的领土被认为受到污染，迄今为止，该事发地仍有方圆 30 公里的禁区。

埃文斯-普里查德告诉我们，他并没有花很长时间就开始像阿赞德人那样思考："没过多久，我学会了他们的思维习惯，并在相关的情境下像他们一样自如地运用巫术观念。"[25] 他的观点很简单，那就是我们要适应周围的世界。对切尔诺贝利等灾难的研究进一步表明，这种转变也可以在社会层面发生。它们是标志性的事件，也同时彰显了生命的脆弱性和韧性，文化上和生物学上都是如此。[*]

在乌克兰，正如彼得雷纳所表明的那样，这种改变相当于对于归属一个国家、作为一位公民的意义进行大规模重组。在"正常"情况下，声明对国家的归属被理解为与生俱来的权利或加入某国国籍的问题，但现在它被定义为痛苦。彼得雷纳称之为"生物学公民身份"（biological citizenship）。在这十年里，能否设法继续日常生活，以及能否从国家那里得到任何额外的东西，都取决于一个人掌握与放射性中毒相关的科学、医学和法律知识的能力。它需要一套新的语言、新的思维方式和新的常识。

切尔诺贝利灾难是一个特别戏剧性、悲剧性和清楚明了的例子，说明"土著如何思考"在多大程度上受到文化因素的影响。但它也提醒我们，这样的事件，即使是人为的，也不能脱离沃尔夫所谈论的现实。无论这个例子有多重的"文化"属性，它同时也是极为自然的，深深依赖于自然本身的运作和规律。事实上，现在我们就要转向谈论自然了。

---

[*]　人类学家在研究 1984 年印度博帕尔（Bhopal）化工厂爆炸案（见 Das, 1995）和 2004 年印度洋海啸时也表明了这一点。这次海啸摧毁了东南亚广大地区，特别是印度尼西亚的亚齐（Aceh, 见 Samuels, 2012）。

第九章
CHAPTER 9

自然

巴勒斯坦文学评论家爱德华·萨义德（Edward W. Said）的作品聚焦于殖民主义和帝国，他个人同时也是西方古典音乐的热情粉丝和专注学徒。正是对音乐的研究让他在作品中发展出了一种标志性的风格——"对位阅读"（contrapuntal reading）[1]。在音乐理论中，对位行进是指旋律线之间的关系和联结。各条旋律线之间是分离的，也可以被分开，但是当它们合在一起时，就可以超越它们各部分的简单相加。对萨义德来说，最优秀的文学批评必须产生类似的东西，不能被降格为一个句子或一种声音（他认为，当阅读设定在帝国时代里的西方小说时，这种危险是真实存在的）。

贯穿这整本书，"文化"和"自然"可以被视为人类学的两条旋律线，它们的对位行进赋予了这门学科鲜明的特征。可以肯定的是，我们考虑的很多东西都把重点放在文化上，而自然只被当作一种稳定的背景音，从我们对血缘的态度到前一章中对理性的讨论，无不如此。这种常态在一些场合受到了挑战。换句话说，在一些例子中，自然似乎抬起头来——有时显得丑陋，有时则不——发出了自己响亮的声音。血液不仅仅是随便哪种物质。化学、生物和物理学定律很重要；空的汽油桶是危险的，甲状腺癌是致命的，波洛洛男人不会飞。

对许多人类学家来说，自然似乎是一条相当幽暗的旋律线，他们尽可能地将它静音。鲁思·本尼迪克特、克利福德·格尔茨和马歇尔·萨林斯等人物之所以受到追捧，是因为他们热情地捍卫文化、社会和历史特性，并认识到现实在某种程度上不是我们可以直接接触的。在所有的这些案例里，这种热情都是由政治立场推动的，其中首当其冲的政治立场就是萨林斯说过的"生物学的利用和滥用"，[2] 而它最严肃的案例是本尼迪克特、弗朗茨·博厄斯和他们的同事们对站不住脚的种族科学的驳斥。

另外值得注意的是，虽然人类学家对文化的定义足以装满一个抽屉，但对自然的定义却寥寥。我不记得我在本科课程曾学到过关于自然的定义，而这样的定义在现存的文献中也很难找到。它们往往只会在和文化相关的语境里出现，在某些情况下甚至是文化的定义中（文化是"自然的构造，它具有弥散的特征"之类）。

情况非常明显，以至于近期最大的人类学家专业协会把"自然"从他们列有一百多个关键词的术语表上划掉了。2011年美国人类学协会年会上，注册参加的论文演讲者不得不使用这个受到控制的词表来对他们的研究旨趣进行分类。所以很明显，你甚至不被允许以自然作为研究主题。[3]激进主义、非洲、国界、制陶术、教育、进化——非常接近了！——名单还在继续——但是没有自然。

人们很容易觉得，自然的消失体现了人类学对其的蔑视，但这么说并不完全正确。我们不应该忘记，博厄斯之所以开始从事人类学，很大程度上是出于对巴芬岛（Baffinland）的环境和物理学领域的兴趣。马林诺夫斯基更是通过生物人类学与自然结下了不解之缘：他从生物需求的角度来看待一切文化生活。他提出了一种"功能主义"理论，在任何给定民族的那些怪异而奇妙的文化阐述之下，都有着一个由需求和欲望驱动的人类身体。尽管如此，总的来说，自然仍然是嗡嗡作响的背景音。

克洛德·列维-斯特劳斯是这一常态的一个重要反例。回想一下，对列维-斯特劳斯来说，文化的巨大多样性本身并不是人类学的主要关注点。真正重要的是这种多样性，或者有时他称之为混乱和繁杂背后的东西。而它内在的结构则是与自然，与心智相关的。

考虑列维-斯特劳斯

克洛德·列维-斯特劳斯生于1908年，在其101岁生日前几天去世。他一生的大部分时间都在巴黎度过，但也在巴西和美国经历过成长的重要阶段。正是在 20 世纪 30 年代的巴西，他对人类学产生了兴趣，此前他曾在索邦大学学习过法律和哲学。他这一段人类学教育是在第二次世界大战期间完成的。那时的他大部分时间流亡在纽约市，在纽约公共图书馆翻遍了关于南北美洲原住民的无数书籍，汲取了弗朗茨·博厄斯的智慧和感性。尽管列维－斯特劳斯一生都崇敬并经常引用博厄斯和他的学生的作品，但他自己几乎没有做过田野调查：只是在巴西国内旅游过数月，至少在今天看来根本算不上是田野调查。他在波洛洛的时间总共加起来只有几个星期，而且他从来没有学过他们的语言。

虽然我强调了田野调查作为一种方法的重要性，而且尽管维多利亚时代扶手椅人类学家的做法在很大程度上受到质疑，但对列维－斯特劳斯的讨论让我有机会重申，并非所有人类学家都认为田野调查是这门学科的必要条件。例如，法国仍有一些传统认为，田野调查是次要的，盎格鲁传统中许多最有影响力的文本都是纯理论或概念分析。例如，玛丽·道格拉斯曾在非洲研究一个名为勒勒（Lele）的群体，但几乎没有人读她关于这个部族的书；人们阅读她的《纯洁与危险》，此书中大部分篇幅是对《旧约全书》各卷的结构主义分析，并更多的是从马塞尔·莫斯和列维－斯特劳斯那里获得灵感。马林诺夫斯基把田野调查放在人类学图景的核心位置，和他相比，马塞尔·莫斯和列维–斯特劳斯几乎没有进行过田野调查（我强烈推荐《纯洁和危险》，这是部非常优秀的作品）。

列维–斯特劳斯发展了人类学中的结构主义。他借鉴了费尔迪南·德·索绪尔和语言学中的另一位重要人物罗曼·雅各布森（Roman Jakobson，一位 40 年代初和列维–斯特劳斯同在纽约流亡的犹太人，他们在那时相识）的思想。列维–斯特劳斯极其欣赏语言学，他认为人类学需要以类似的方式塑造自身。列维–斯特劳斯认为，结构语言学的正确性体现在以下几个方面。首先，它侧重于他所说的语言的"无意识的基础结构"，这是说话者自己可能没有察觉的。其次，它关注的重点不是词语本身——"猫是猫"（喵）——而是词语之间的关系——"猫，不是狗"（喵，不是汪）。第三，这种关系位于一个系统内；它是有序的和结构化的。最后，它试图寻找普遍规律。[4]

如果你继续阅读任何结构人类学的作品，它将看起来与其他大多数人类学研究大不相同。它可能不会有太多丰富多彩、有血有肉的角色：比如说奇文希酋长，或者斯肯索普（Scunthorpe）的产科护士珍妮特。它可能会包含很多百科全书式的信息，比如澳大拉西亚（Australasia）有袋动物的民间分类法。它很可能聚焦于神话。神话一直是结构主义者非常感兴趣的研究对象，因为它们被认为包含了许多"无意识基础结构"的运作方式；如果你读到一部结构人类学作品，不要指望它会讲一个好的格林童话故事。倒是可以期待一例如外科手术般的剖析。列维－斯特劳斯本人不是一个会讲故事的人，他的重点也不是欣赏一个精彩的故事；而是为了理解被分解成各个组成部分的神话，是如何告诉我们一些它所脱胎于的文化体系的事情，甚至告诉我们思维是如何运作的。事实上，所有这些要素都将被用来支持列维－斯特劳斯提出的关于思维、认知和分类的普遍结构的观点。

如果我们现在转向另一位学者所总结的结构主义的定义，似乎显得对伟大的列维－斯特劳斯有些不敬。如果再补充说，这份总结比列维－斯特劳斯阐述自己的立场早了一个多世纪，就几乎像在这不敬之上又加之以侮辱了。但我并不是唯一一个这样做的，因为列维－斯特劳斯本人也引用了这位哲学家奥古斯特·孔德（August Comte）作为他的简短作品《图腾崇拜》（Totemism）的题词。孔德写道："最终支配心灵世界的逻辑法则，本质上是不变的；无论何时何地，无论对于任何主题，它们都是相同的，甚至在我们所谓的真实和虚幻之间也毫无区别；即使在睡梦中我们也能见到它们。"[5]

这几乎完美地概括了结构主义。"原始"或"文明"，波洛洛人或英国人，萨满或科学家，在心智结构或认知能力水平上都没有差别。人类学必须做的是穿过文化之间看似重大的差异和不可跨越的鸿沟，从中筛选和提炼出可以揭示人类境况的普遍因素。列维－斯特劳斯在他最著名的著作之一《野性的思维》（*The Savage Mind*）中详细论证了这一观点。他使用了广泛的材料：从美洲蒿属植物的分类到婆罗洲皮南人（Penan of Borneo）的"从死者名"（necronyms，用于识别某人与已逝亲属的关系），到现代工程师的技能与方法，再到让－保罗·萨特的哲学思想。在超过 250 页的分析之后，他总结说："野蛮人的思维在判断和方法上和我们以相同的方式合乎逻辑。"[6]

列维－斯特劳斯是人类学中为数不多的可以被称为自然主义者的人物之一。他从未放弃或试图削弱文化差异的重要性，但他把文化差异理解为处于一个更基本的认知和思想体系中。莫里斯·布洛克称列维－斯特劳斯是"第一位经过深思熟虑后认为，必须充分考虑思维功能之影响的现代人类学家"。[7]

他是现代人类学家中的第一位，而且不是最后一位。但列维－斯特劳斯所感兴趣的人类思维，至少在布洛克提及的意义上，一直是人类学中的一个次要追求。此外，关于人类思维的大部分研究都是在认知科学领域进行的。列维－斯特劳斯本人对认知科学并不感兴趣，这多少有些令人惊讶。对于已经成为认知人类学领军人物的布洛克来说，缺少与认知科学的交流严重地削弱了人类学这个学科，这使得认识人类在自然历史中的地位变得更加困难。

然而，对许多人类学家来说，症结在于对自然主义的呼吁总是有某种缺陷。即使将它道德上的高压纳入考虑，社会进化论也几乎没有产生任何持久的价值。列维-斯特劳斯的作品对许多人类学家来说也没有产生持久的影响力，至少作为他未经修饰和限制的形态没有。虽然他的博学无人能比，但在他的作品中，似乎经常会出现未经证明的信仰之跃或偷天换日：例如，他对神话的解释就很难令人信服。对大多数人类学家来说，更为严重的是，结构主义似乎在某种程度上消解了人类能动性对于整个体系做出改变的可能。这就是马歇尔·萨林斯和皮埃尔·布尔迪厄给自己设定的挑战：把结构主义重新塑造成可以考虑到历史和人类能动性的东西——确实有结构但也可能被改变的东西。

我想稍后再讨论认知人类学领域的一些研究工作，也就是当今一些人类学家试图用另一种方式将关注自然和关注文化相调和的研究工作。但在谈到这一点之前，我们有必要进一步探讨自然为何如此不受重视。

自然的限制？

在大多数时间和地方，对大多数人来说，如果真的存在自然和文化之间的边界的话，它充其量也是模糊的。而且在很多地方这种界线并不存在。这正是玛丽莲·斯特拉森对美拉尼西亚的研究中的重点之一。美拉尼西亚各族群的想法与西方人不同。例如，在斯特拉森进行田野调查的哈根山（Mount Hagen）人当中，事物被分为"野生"或"家养"的，而不是自然或文化的。这种方法与我们通常理解的自然与文化的分界产生了交叉错位。例如，猪不是从它们作为猪的特性，或曰它们的"动物本性"的角度来理解的，而是从它们是野生的还是家养的这个角度。所以，尽管我们可能会说："嗯，没错，某些动物是家养的或者被当作广受喜爱的宠物饲养的，但是它们**仍然**是动物，它们**仍然**是自然世界的一部分。"但哈根人不这样认为。不能将野生（rømi）等同于自然，把家养（mbo）等同于文化。这是一种截然不同的划定世界和世界内关系的方式。

在这一点上，哈根山人并不孤单。当然，我们也不应该感到惊讶，对于许多历史上"亲近自然"的社群来说，"自然"概念并不能获得广泛认同或有任何相关性。如果你大部分时间都和猪一起度过，或在花园里劳作，或在森林里狩猎，或者在钓鱼或养牛，那么因归属某种文化秩序而有的那些表达就未必有意义。事实上，即使在西方传统的思想中，"自然"与"文化"的分裂也是最近才形成的。

这种分裂形成于18世纪和19世纪。在这种对自然的理解中，所有的生物都是彼此相联系的，但是尽管如此，在人类的周围却无疑划出了一个特殊的环形。在这个环形内发生的事情之所以成为可能，是因为人类独特的官能。这些官能包括好几种，但最主要的是智力。因此，人类因为拥有文化和创造的能力而独具一格。当然，在很多方面，这涉及对自然的驯化：种植某些作物，饲养某些动物，制造药品、遮蔽物以及衣物。然而，这一时期的主要结论之一是，自然归根到底是一个自主的领域。随着时间的推移，神圣之手逐渐放开了我们，让我们可以直面自然。

这种意义上的自然既要被理解成一个现代的概念（a modern term），也要被理解为一个**现代性的概念**（a term of modernity）。随之而来的是一系列的关联和对立。在自然—文化鸿沟的前提之下，我们也开始思考客体和主体、既定的和创造出来的、非人类和人类、被动和主动、无意和有意、现世和超越等类似的问题。在某些方面，这种区别并不是新出现的，甚至不是西方思想所独有的（尽管在西方思想中得到了独一无二的深入发展）。更重要的是，现代人相信自己可以把它们分开，视它们为独立的部分。回想爱德华·伯内特·泰勒和吕西安·列维-布留尔等人的论点；他们关于原始思维——前现代思维——的看法是，它混淆和模糊事物是因为它无法处理分离的概念。它并不成熟，也没有进化到能够沿着清晰的路径处理信息。现代性之所以能胜利，在于它认识到事物的真实秩序。

但事实并非如此。因为"现代人"不仅把自己的世界观强加给别人——无视雅韦提人、哈根人、努尔人或者中国汉人各自的特殊性——还因为他们自己也没有做到这一点。正如法国人类学家布鲁诺·拉图尔（Bruno Latour）所说，事实上"我们从未现代过"。

在 1991 年出版的一本简短的作品中，拉图尔以一种罕见的方式颠覆了人类科学。《我们从未现代过》（We Have Never Been Modern）几乎如同一篇布道，训诫"我们"关于当代西方的失败，有时甚至是彻头彻尾的虚伪。从科学史到亚马孙地区的人类学研究，从气候变化（即使在 1991 年，这也是头条新闻）到柏林墙的倒塌，拉图尔通过追溯我们自 17 世纪开始的、与过去决裂的故事来定义我们是谁。这些决裂不仅是与国内的传统，也包括与国外的思维方式。在这个故事中，上帝死了（或者至少被从整体图景中划掉了），科学崛起，民主政治占据了主流，一个新的世界秩序浮现出来。在这个秩序中，过去混乱、蒙昧的生活方式——以及其他非西方的他者——被抛在了后面，人们开始以理性和合理的方式处理自然与文化之间的关系。可以肯定的是，这仍然是一种关系，但关系双方都坚守各自的阵营，不会因彼此渗入而使得双方难以区分。毕竟，这是我们祖先的失败之处，世界上也还有很多人仍在继续同样的失败。

拉图尔认为，这是我们给自己讲的故事，但这不是真的。我们从来没有真正做到保持自然和文化的区隔和纯洁性；我们从未完全摆脱魔法的诱惑，坚定地站在科学一面。美国的总统就职典礼是现代仪式的顶峰，它脱胎于自由民主和启蒙价值的丰富传统——然而它同样也依赖于文字的神秘力量，这是我们可能也会在印度教仪式中发现的。记住，生意就是生意；这无关个人。但事实并非如此：我们很难将生意与人际联系完全分开。礼物是礼物，商品是商品，它们是截然不同的东西。但其实我们知道，事实并非如此。

让我们再举一个重要的例子，以回到人与动物的关系上来：宠物。我们养宠物；宠物是动物。然而，你不必是一位训练有素的人类学家或动物行为学家，就知道许多宠物主人——甚至可能是大多数宠物主人，当然至少是那些善良而体面的宠物主人——以非常人格化的方式对待它们的动物：给它们起名，与它们交谈，为它们拍照，给它们买东西（玩具、毛衣和保险），疯狂地爱它们，并且当丧钟敲响时深深地哀悼它们。也有一些人，其中大多数碰巧没有宠物（特别是没有狗；狗显然是西方世界最好的宠物），认为这种对待宠物的方式是在公然违反自然-文化的区分。这是一种非理性的行为，将本该专门指向人类的东西（爱意、金钱、时间和社会生活）倾注在非人类之物的身上。但是，如果这些头脑冷静的人在对待狗和其他生物的态度上是现代的，那么他们很有可能在其他方面达不到现代的要求。（也许他们不信任他们的医生，或者他们向圣徒祈祷，或者他们**厌恶**坐飞机，因为它看起来太"不自然",或者他们只吃自己亲手杀死的动物肉,而不是像他们本应该做的那样,去购买被切割成大块的或者绞碎后再用塑料薄膜包裹起来的肉。)

有时候,我们发现在自然/文化之分下承受着最大压力的并不是那些在现代化过程中吊车尾的人,而是引领现代化浪潮的人。如果你是一名罗马天主教徒,或者会自己补袜子,或者拥有一家家族企业,那么你没有完全现代化就是显而易见的。但医生和道德哲学家也会受到不够现代的感情的影响,正如我们从一项有关器官捐献的人类学研究中所了解到的那样。

观念上的死亡

玛格丽特·洛克(Margaret Lock)是一位医学人类学家,就职于蒙特利尔的麦吉尔大学。她最初的研究方向是日本传统医学,之后又开始对器官捐献感兴趣。因为她发现在日本关于器官捐赠的辩论走向与在加拿大和美国非常不同。[8] 不同点是在加拿大和美国没有发生真正的辩论,特别是在医疗技术进步导致"脑死亡"现象日益普遍的前提下。当病人脑死亡时,保持器官继续运转的身体功能往往尚且完好,因此他们的健康器官有可能被采集。另一方面,在日本,洛克注意到不仅有很多人反对器官捐献,而且许多人,包括一些医学家和伦理学家，都拒绝承认应该根据人类是否存有脑功能来判定其是否死亡。

洛克告诉我们，在北美，器官捐献活动和将脑死亡作为人死亡的标志之所以成功树立起来，要归功于早期人们将其宣传为一种终极礼物的努力："生命的礼物"。* 虽然这种用词借鉴了基督教的慈善观念和献祭传统，但它之所以能够成功还要归功于出现于早期现代时期的认知转变，当时死亡从一个宗教问题变成了一个医学问题。

例如，值得注意的是，今天从国家政权（如美国、加拿大或英国）的角度看来，死亡是由医生而不是牧师判定的，是医生或医疗机构拥有法定的权力和义务宣布死亡。当然，牧师或宗教人士在葬礼上仍然扮演着重要角色。但请记住，葬礼上不会发生任何法律事件。国家不要求你举行葬礼。在西方世界的许多场合，葬礼可以由任何人主持；不一定要有一位被授予神职的宗教人物。如果你愿意，可以由你叔叔吉姆来主持，或者由小丑芝宝（Zippo the Clown）主持。这种"死亡的医学化"反过来又鼓励我们将身体视为一具肉体——视作一件物品或多个物品的总和，其中包含可以在其他仍然活着的人的身体中发挥重要作用的器官。

人格在这里也很重要，考虑到我们已经讨论过的很多内

---

* 她把重点放在北美，但这个论点可以扩展到西欧的许多国家。

容，理解大脑作为思维引擎为何对定义人之为人如此重要并不困难。在北美，个人主义是至高无上的价值；自由、自主和选择权对人们都很宝贵——是他们"活着"的目的。思想自由和道德良知是其中的一部分，所以当一个人不能思考、没有意识或无法控制自己的身体，不能作为自由的能动主体存在，那么他就不是一个合格的人。谈到脑死亡时，我们所用的比喻很能说明问题。脑死亡就是处于一种"持续植物人的状态"。在更日常的语境中，可能有亲戚会告诉你，他们宁可死也不愿做"植物人"。也许你自己也有这种感觉。这是我们在假日晚餐结束后，话题开始转向严肃的生活问题时，或者是在得知社区中有人出了车祸，头部严重受伤之后，与所爱的人讨论的那类事情。对我们许多人来说，身为一个人就意味着有思考的能力，有自我感知的能力，能够主动选择自己的命运。在北美，脑死亡将身体从一种文化的事物转变成了非文化的事物。脑死亡使我们降格进一种自然状态，在这里没有"人"存在的可能。在这样的状态下，我们能做的最后一件事就是把"生命的礼物"赠送给他人。

在日本，则存在着不同的价值观和思想传统。也许不可避免的是，这种理解的一部分是基于日本文化和世界观对完整性和独特性的长期关注。日本毫无疑问是个现代国家：它是八国集团（G-8）经济体之一，其人口识字率和受教育程度高，技术发展先进——也许比美国或加拿大在科技方面更先进、更创新。但另一方面，它仍然是他者（Other），它的现代化被认为是与西方相关联的，是被西方影响的结果。那么，有助于解释日本和北美之间的差异的并不仅仅是文化，还有文化**政治**。在关于脑死亡的辩论中，公众人物在很大程度上利用"日本传统"来挑动"你我有别"的民族主义情绪。不过，正如洛克所指出的，从上面的简短讨论中我们也可以看出，北美的文化和文化政治也在发挥作用，只是他们的动员更加成功，所以（在我们看来）这些似乎是常识或事实。但是把脑死亡的人看作"活着的尸体"并不是既定的或自然的。

洛克指出了许多日本人态度中的几种价值取向。她告诉我们，在日本，死亡不被理解为瞬间发生的事情，也不被理解为二元状态之间的铰链——死亡是一个过程。此外，大多数日本人并没有将认知能力特别拣选为人格的唯一载体；他们认为身体起着同样重要的作用。与此相关的另一个理解是，个人不是自主的；他们是一个更大整体的一部分，也就是家庭。在日本，家庭成员甚至家庭中的个人都不愿意把死亡视为纯粹独立的或脱离集体的东西。最后，尽管专业化医学既有很好的基础又有很好的发展，但医学在日本并没有获得如同它在北美那样的威望和权威。死亡没有被完全医学化，身体也没有被相应地自然化。这使得他们很难将心脏、肝脏或肾脏视为类似于"东西"的事物。洛克甚至发现，一些医务人员弱化了他们做决定的权利。一位医生告诉她说："我认为我们并不真正理解死亡时大脑中发生的事情，至少就我而言，只有医生才能理解的死亡并不是真正的死亡。"[9]

正如我们看到的黎巴嫩关于新生殖技术的争议（第五章），一台呼吸机、一碗冰和一个手术室足以引出关于自然与文化、生与死之间的界限的根本性问题。"活的尸体"这个概念本身就是一个很好的例子，说明了为何如拉图尔所说，我们从来没有现代过。对大多数人来说，"一具没有死的尸体"是一个自相矛盾的表述（拉图尔称之为"杂合体"[hybird]）。我们对如"死亡"这样在生物学上毫不含糊的、自然的事物刚有了清晰的理解，这个理解就发生了转变。死亡不再是过去的样子。科学技术上的进步和伦理学上的新争论，将确保它在未来很长一段时间内都将被重新发明和重新定义。从医学进步的角度来看，"自然和文化之间的划分是否能够被固定下来是值得怀疑的"。[10]

科学 / 虚构

人类学家对自然概念持怀疑态度的另一个原因是，某些学者在某种程度上滥用了他们被赋予的科学权威。科学家当然很受尊敬。英国 2015 年的一项民调将"医生"列为最受信任的职业；科学家排在第四位，教师和法官排在第二位和第三位（排第五位的是美发师）。[11] 在美国类似的调查中，护士、药剂师和医生排在前三位，高中教师紧跟其后。[12] 请记住医生、护士和药剂师都受过生物、化学和药理学的训练。很明显，科学是一个饱受美誉、被认为有价值的重点领域。

我有时把人类学称为一门科学，事实也是如此。但它是一门社会科学，不是自然科学（有时它被称为"软科学"，与"硬科学"相对）。这意味着它具有较低的社会价值；它的主题是文化和社会事物。在自然科学或硬科学看来，它必然被视为主观性的或诠释性的，或者至少不是客观的。事实上，当今许多社会文化人类学家根本不把自己的研究视为一门科学；许多人觉得和哲学家或历史学家一起比和生物学家或地质学家一起要更自在。早在1950年，埃文思－普里查德就反对将人类学视为一门科学，他提倡历史学的模式更适合它。

我们已经讨论过像博厄斯这样的人物批评社会进化论者的模式是糟糕的科学。糟糕之处在于：（1）错误地将人类文化当作人类的身体一般来对待；（2）不顾一切地向科学献上简直堪称令人尴尬的赞美，认为科学是一切事物的终极答案。社会进化论者试图把方钉塞进圆孔里，而且他们对自己的所作所为毫无批判意识。博厄斯和马林诺夫斯基都没有放弃科学的模式本身；事实上，马林诺夫斯基对科学的推崇几乎可以和泰勒或赫伯特·斯宾塞比肩。但在20世纪的进程中，人类学家越来越认识到，科学对客观性的宣称必须是有条件的。在某些情况下，这种宣称显得虚假，因为没有任何关于身体、世界或宇宙运作的知识是可以脱离文化的。

如果你和当今许多物理学家对话，他们不太可能用"客观性"来描述他们所做的研究。就此而言，许多物理学家或多或少地放弃了使用现实这个概念。同样，结构工程师、化学家、遗传学家和无疑还有许多其他科学家也常常明白，他们所做的工作并不是在文化真空中进行的，或者说，实证知识并不只是凭空涌现并闪耀着光芒的。更何况，我不认识任何人类学家属于卢德派（Luddites）*，或是认为青霉素是一种"社会事实"或"文化建构"，或会不穿合适的防护服就去照顾埃博拉病毒感染者，或是否认双门冰箱和空中旅行的影响力和便利性，或者对气候科学已经清楚告诉我们的，双门冰箱和乘飞机旅行对环境造成的影响毫不担心。然而，科学的社会权威也可能导致盲点和奇怪的描述，有时甚至会在生物学、文化和人类本性等重要问题上产生彻头彻尾的幻想。

就"生命的事实"进行的讨论就是其中一个麻烦之处。1991年，人类学家埃米莉·马丁（Emily Martin）发表了一篇关于人类生殖的文章，探讨了美国生物教科书如何将文化上占主导地位的性别角色和刻板印象投射到卵子和精子的生殖角色上。[13] 这是一个引人注目的惊人案例，说明了有多少性别化的，甚至性别歧视的语言被用来建构对科学记录的理解。这是一个典型的例子，说明了文化思维能强烈地塑造我们对

---

* 意为强烈抵制技术革新的人。——译者注

"自然"的理解。

　　马丁发现，几乎所有的教科书都是用正面的眼光看待男性对生殖的贡献，用负面的眼光看待女性对生殖的贡献，而不是相反。她发现，标准表述中最令人困惑的一个方面是将卵子发生（oogenesis，卵细胞的产生）描述为"低效的"。有一本教科书甚至直截了当地说"浪费"（wasteful）。在女性的一生中，从她卵巢中产生的大约七百万个卵子生殖细胞中，的确只有四百个或五百个会成为完全成形的卵子并被排出。好的。然而，与精子的产生相比，这个数字只是沧海一粟。据谨慎估计，一个男性一天可能会产生一亿个精子；其一生中将总共产生超过两万亿。然而，这在教科书中从来没有被描述为浪费，或是不正常。如果有谁提到这种情况，也被认为是男性旺盛生殖力的标志。但是，为了方便论证，我们假设每对夫妇平均养育两个孩子，那难道不是应该认为女性比男性少"浪费"了很多东西吗？女性每生产 200 个卵子，就会生一个孩子，比例是 200 比 1。而对男性来说，这个比率是1 万亿比 1。

　　教科书描述中的另外一个性别主义之处，与卵子的被动性和精子的主动性有关。根据常规描述，卵子差不多是无所事事的；而精子肩负着"穿透"卵子的"使命"。马丁甚至找到了一本书，其中用下面的话来描述卵子："一位沉睡的新娘在等待她伴侣富有魔力的吻，这将给她注入灵力，使其具有生命。"[14] 碰巧，这些书中有许多是在 20 世纪 80 年代编写的。在这段时间里，人们对授精的理解发生了一些变化。研究人员开始发现，卵子在这个过程中起着更加积极的作用，精子也并不像先前想象得那么"有力"。这个过程开始被理解为构成了某种化学反应，需要同时依赖卵子和精子二者的贡献。然而，马丁发现精子仍然被认为是更活跃的那个伴侣。在某些情况下，这一发现也只是转移了性别刻板印象所强调的重点。卵子开始被描述为"捕获"（trapping）精子。可怜的小精子！卵子从亟待拯救的落难少女变成了更像狐狸精或塞壬海妖之类的角色。

马丁还指出，如果之前这些还不够危险的话，在这个微观层次上使用戏剧性的人格化比喻，有可能把我们对人格的理解进一步推向躯体层面。别管大脑和它所引发的关于生命定义的所有争议了。如果将其逻辑推到极致的话，科学教科书的语言暗示，人类学真正的主题应该是我们在显微镜下看到的东西。让特罗布里恩德岛民见鬼去吧，这种方法把精子也当成了土著。落难的少女。身担重任的男性。"这些刻板印象现在被写入了**细胞**层面，这是一个强力的举措，让它们看起来如此自然以至于无法改变。"[15]

然而，细胞被证明是属于 20 世纪的。我们现在的关注点比这更加微观。马丁所描述的整个逻辑最近被顺理成章地投射到基因上，过程中几乎没有遇到任何障碍。

基因就是我们

遗传学已经成为人类学研究中一个绝对核心的元素。它对生物人类学家和体质人类学家的许多研究方向都特别重要：关于种族、遗传疾病（如镰状细胞贫血症）的人口分布和人口史的辩论，甚至还有在刚果民主共和国就战争的压力如何影响怀孕妇女的基因表现的研究。[16] 然而，对于一些作者，包括一些高调的进化心理学家及其追随者来说，遗传学已经变得类似于一个秘密解码器，这种解码器最终不仅可以解析人类的组成，也可以理解人类行为的奥秘。了解了基因，我们就能了解人类。自然孕育了文化。

2005年，人类学家苏珊·麦金农（Susan McKinnon）对这一转变，也就是认为遗传学是一切的关键，进行了详尽的分析。正如她所展示的，它最终告诉我们更多的是关于那些作者们的文化和意识形态立场，而不是人类基因组的秘密。[17]

麦金农在其作品中称这种研究进路为"新自由主义遗传学"。也就是说，它所揭开的人性图景与米尔顿·弗里德曼和玛格丽特·撒切尔看待世界的方式极度类似，即是什么激励了人类成为经济行为者（economic actor）。不过，特别引人注目的是，描绘这一人类行为图景的进化心理学家在当下和史前之间自由移动，用同样的笔触描绘了当代美国普通人和20万年前的狩猎者，那时是智人（Homo sapiens）首次出现的更新世时期（Pleistocene）。在这种看法中，个人是最重要的；社会和历史是次要的。自由和选择是好的；控制和监管是不好的。追求个人利益和利益最大化或个人地位最大化是一种美德，并且是它们驱动着人类做出所有的决策。

正是这些观点中的最后一点——个人利益和利润最大化——真正助长了这一趋势。正如麦金农指出的那样，这些作品中的共同信念是对性冲动以及随之而来的性别角色、婚姻和家庭具有同一种特别的理解。亲属关系只关乎遗传学。在这一框架内，男性和女性都在寻求将自己的地位"最大化"，一切最后都归结于在繁衍后代方面获得优势。据说这意味着男性和女性在选择配偶方面发展出了（或者说，是被基因编码出了）某些"偏好机制"。据说男性会追求年轻、体型优美、有魅力的女性。*据说女性会追求显现出领导能力、雄心和成功迹象的男性。据某些进化心理学家所说，男性还有一种所谓"圣母－妓女开关"（Madonna-whore switch）的偏好。基本上，男性想娶一个圣母，但另外又想同时和很多妓女发生性关系。这就使他们既拥有延续其基因所需要的东西（即一个家庭），同时满足了他们"广泛播种"的天生需要。（不过，妓女的存在多少有些奇怪，因为女性被认为只想在那

---

* 体型优美？考虑到我们对人类历史和史前的了解，更不用说许多当代的非西方美学了，现在平均水平的 T 台模特只是众多理想标准之一而已。肥胖和肚腩经常相当有吸引力。有关萨赫勒（Sahel）地区肥胖和美丽的研究，请参见 Popenoe，2004。

些有领导能力、雄心勃勃的男性身上进行生育"投资"。由此推出她们不可能有妓女的基因。因为这是一种适应性差的基因，那么带有"妓女基因"的女性必然会在这 20 万年时间里逐渐绝迹的，不是吗？）

除了某些带着明显来自基督教和中世纪历史人物类型标签的"开关"，这些进化心理学家还提出了超具体基因（ultra-specific genes）的概念。至少他们几乎是这么说的。他们承认，根据我们所知的遗传学基础知识，事实上孤立看待基因与某些行为、性格特征或性格之间的联系是不可能的。但后来他们又编造出了这样的虚构事物。这些基因包括：一种忠诚基因，一种利他基因，一种"组建俱乐部"基因，帮助亲戚的基因，一种能令某个孩子杀害他新生妹妹的基因，一种羞耻基因，一种骄傲基因，还有——我最喜欢的一种——甚至是"舞弊会计基因"。[18]

麦金农从民族志记录中提供了数十个例子来反驳这个领域的每一个这样的故事。一些例子来自我们已经讨论过的案例，包括朱旺人、因纽皮亚特人和特罗布里恩德岛人。例如，麦金农指出，马林诺夫斯基似乎并没有在特罗布里恩德岛人中发现"圣母－妓女开关"：那里的男性和女性在性关系和性接触方面都相当开放；女性成员并不会被以圣母或妓女的范畴来划分。一些进化心理学家希望将这种充满价值观偏好的语言写入基因组本身，但这种语言其实对男性和女性来说都完全不具有相关性。不过，简而言之，这种遗传学进路只不过是人类试图探索一种简单、普世的"人类的自然史"的又一次尝试。

我们的自然和社会历史

很难找到任何具有实质内容的人类行为和认知的共性。人类学记录中几乎无法找到任何证据能够证明存在固有的人类本性。当然，我们可以在每个已知的人类群体中找到某种"亲属关系"，或者换一个更描述性的词"关联性"，但是把朱旺人、汉族人、易洛魁人和巴伐利亚人聚集在同一个概括性的术语下，并没有告诉你太多东西。人类学家和任何其他学者一样乐于发现这样的共性：如果是真的，那就是真的；何不欣然接受呢？但人类学家非常不喜欢的是，将"科学"和"自然"强行绑在一起，却对证据漠不关心或缺乏批判性的自我反思。

勇敢的精子和圣母－妓女开关仅仅是我们发现人类学致力于强调文化特性、社会语境和历史动力学的两个理由。这些都是好的理由——但是布洛克说这门学科忽视认知科学和自然科学领域的工作也是对的，这是有危险的。如果我们找不到圣母－妓女开关，或者任何这一类的开关，那么列维－斯特劳斯的遗产，以及对人类心灵统一的更普遍的学科信念，也让我们应该严肃对待自然主义。在这一章的最末，我想强调两个研究领域，对自然主义的严肃对待正在其中取得丰硕的成果。

一种是将传统的田野调查方法与认知心理学实验相结合。[19]丽塔·阿斯图蒂（Rita Astuti）研究马达加斯加海岸的一个小渔村沃祖（Vezo）已经接近 30 年。21 世纪初，在发表了一系列关于沃祖的亲属关系、居民生计和身份认同的重要著作后，她与两位认知心理学家共同开始了比较研究项目，研究民间生物学和民间社会学领域的概念表征。他们三人想了解如生物遗传等过程的日常理解和日常合理化：沃祖人对遗传过程有何看法？他们会说小孩长得像谁，又是为什么这么说？这种说法会如何影响孩子的行为？以及其他此类问题接下来，基于阿斯图蒂长期田野调查的背景，他们通过一系列专门设计的心理测试（在这些测试中，人们会被问到关于继承和个人身份认同的假设性问题），提出了一个更基本的问题。概念的发展是否受到限制？换句话说，是否存在某种对知识范畴的划定，或是对"生活事实"的理解是天生就内在于人类的认知？"人人都知道"鸭子生鸭子，老虎生老虎，史密斯夫妇生小约翰尼·史密斯吗？（即使鸭子是鹅养大的，老虎是大象养大的，小约翰尼是琼斯夫妇养大的？）显然，这些关于概念发展的限制的问题通过在我们这本书中所考虑过的一些人类学主要辩论来提出，例如本尼迪克特和李·贝克关于领养和养育的观点，路易斯·亨利·摩尔根对亲属称谓的分析，或者波洛洛人说他们是鹦鹉时，他们实际想要表达的含义。

这些问题在阿斯图蒂的研究中特别有趣，因为沃祖人对身份认同和身份关联性持有一种强述行主义的理解（strongly performative approach）。[20] 至于我们所考虑的许多其他小规模的非西方社会，你是谁和你是什么，也都取决于你做什么和你所发展的社会关系。* 沃祖人并非生来即为沃祖人：他们是沃祖人，因为他们像沃祖人一样行事。要想成为沃祖人，你必须做沃祖人所做的事情，其中大部分围绕着家庭、钓鱼和海洋。这种述行性的、面向社会的身份认同方式非常强力，沃祖人甚至说，如果孕妇在怀孕期间交了一个好朋友，婴儿长大后会看起来像那个朋友。

然而，认知实验得出的结果并不符合这种民族志描述。沃祖人似乎能很好地理解某些"生物学事实"在代际遗传方面的重要性。在测试中提出的假设性例子中，沃祖成年人清楚地表明，他们理解孩子是从其亲生父母那里得到"模板"（这是他们自己所用的表达）的。换句话说，他们认识到遗传学和"你是谁"的许多关键方面不是由社会建构，也不是由述行行为塑造的。然而，三人组还发现，当考虑与他们自己的生活切身相关的东西时，他们又会系统性地否认这一知识。

---

* 当然，加泰罗尼亚人也是如此——至少近年来如此。

在沃祖社区，过分强调生物关联性被认为是反社会和充满占有欲的；它违背了沃祖生活的核心价值，即拥有尽可能多的关系（即"亲属"）。阿斯图蒂和她的同事发现，沃祖人"并不关注我们已经知道他所知道的事情"。[21]

对于阿斯图蒂和她的研究伙伴来说，这些发现提出了一个重要的观点，即那些不参与理解认知和概念发展的人类学家，是在自我设限。如果人类学的目标是理解当地人的观点，那么了解一些关于概念发展的限制因素对其实现显然有百利而无一害。它们显然没能剥夺文化因素的重要意义，因为沃祖人"否决"了它们。相反，它们可能最终暗示文化和价值观对我们人类的组成有多么重要。甚至本尼迪克特也可能被这项最新研究所鼓舞。毕竟，她的"跨种族领养"那个例子，本质上想要解决的是同一个问题：我们是谁？然而，沃祖案例所提出的并不是某些根深蒂固的、被严格规定的文化模式的存在。相反，它表明我们的心智里很可能有某种天然内在的东西能够认识到"生活的事实"，但这显然并非决定性的，而且依赖于文化的具体诠释。

连接自然历史和社会历史方法的另一个好的例子来自道德人类学。[22] 这是一个近年来日益壮大的分支领域，许多成果是在与亚里士多德、康德、福柯等人延续的伟大哲学传统展开对话。这一领域的研究关注范围极其广泛：从高度复杂的宗教信徒伦理项目——我们看到过的，开罗法特瓦寻求者和巴布亚新几内亚的五旬节派教徒的例子——到吸毒者的挣扎和日常生活中的"普通伦理"。这一领域的大部分研究反映了人类学对社会和文化建构问题的重视。

韦布·基恩（Webb Keane）是当今最受尊敬的文化人类学家之一，他在最近出版的《伦理生活：它的自然和社会历史》（*Ethical Life: Its Natural and Social Histories*）一书中质疑这种社会文化方法的充分性，尤其是因为伦理现今是心理学和儿童发展领域的一个重要研究领域。其他许多作品在导向上则更加自然主义；它们关注一个古老的问题，即我们的道德价值和伦理推断是否为天生固有的。

基恩并不否认社会历史和文化背景的重要性。恰恰相反，它们是他叙述的核心，他花了很多篇幅叙述伦理项目是如何在越南革命、开罗的伊斯兰虔诚运动和西方女权主义者的意识提高运动等截然不同的背景下发展起来的。他还非常关注个人交往的伦理层面：人们在日常和普通场景中的交流如何能够揭示他们的信念和价值观。我们在交谈过程中做出的推论，我们在脸书上的对话，以及当星巴克咖啡师纠正我们点咖啡时的词语误用（小杯、中杯、大杯、超大杯、少奶泡多奶、用脱脂牛奶……）令我们产生的挫折感，都承载着伦理意味，而且都可以通过人类学观察和社会语言学分析的方法来研究。

但是基恩也关注了心理学和儿童发展方面的研究，因为这些研究领域告诉了我们很多关于所有道德生活中最基本的组成部分的信息。它们包括游戏、共情和利他主义对人类的重要性，儿童开始将自我与他人区分的节点，儿童开始认识到"其他人的内心世界"存在的时期，以及采取第三人称客观视角的能力。证据表明，共情是不需要学习的，即使在不涉及自身利益的时候，儿童也会发展出合作和分享的倾向。他们重视公平。养育、上学和其他形式的社会化不是这种直觉得以表达的先决条件。

与此同时，正如基恩建议的那样，这并不意味着这些行为或反应本身就是"道德的"。我们不应该把它们视为直觉或冲动，而应该把它们视为"可供性"（affordances）。这是他从心理学家那里借用的一个术语，用来指称经验和感知使某些事情成为可能的方式。为了解释此概念的适用场景，基恩举了一个例子：如果你徒步旅行很长时间，开始感到疲倦，这时一块平坦光滑、和椅子一样高的岩石，很可能像一把真正的椅子那样供你使用。你可以坐下来休息。它不是一把椅子，但它"提供"自己，以实现同样的目的。类似的，在其他情况下，椅子可能会"提供"自己作为一个折梯，或作为用来驯服狮子的道具。这些用途或存在方式都不是固定的或被预先决定的：它们是由客观因素和偶然因素结合而成的。岩石需要首先是一块岩石，然后是某种岩石（坚固的、平整的）。但是你也需要是疲劳的，并且想要坐下。

　　基恩所展示的是，人类认知和推理的前文化属性很像那块石头：一种"道德生活"的必要但不充分的前提。要想变得合乎道德，这些冲动和直觉还需要社会的投入。这些投入的形式包括为人父母、上学、研读《圣经》、阅读《共产党宣言》、阅读托马斯·曼、吟诵《心经》、听鲍勃·迪伦、听格洛丽亚·施泰纳姆（Gloria Steinem）或娜奥米·克莱因（Naomi Klein）的演讲和听印度国家电视台播放的罗摩衍那史诗，以及从星巴克点一杯中杯滴滤咖啡（tall drip）到在野餐时开玩笑等不确定的日常互动和体验。基恩的结论很简单，但也非常重要："没有它的社会历史，道德生活就不会是道德的；而没有它的自然历史，它就不会是生活。"[23]与后殖民文学一样，人类的故事也需要一种对位的解读。

结论：像人类学家一样思考

本书展示了如此多的文化，可能会让人眼花缭乱。我们谈到了一系列的世界观和生活方式：开罗虔诚的穆斯林通过遵从谢赫的建议来追求自我完善；玻利维亚原住民痴迷足球，但不热衷于获胜；伦敦期货交易员借助电脑交易手段，以期得到更完美的市场表现；美拉尼西亚人愿意乘小独木舟穿越波涛汹涌的大海，寻求他们并不用来佩戴的项链和臂镯；乌克兰人，他们的生活和世界已经不可挽回地被切尔诺贝利核泄露摧毁；在中国，则有好胜的新娘和愤怒的女儿，前者通过谈判争取更多的彩礼，后者想要昭雪母亲生前遭遇的不公，并以哀歌向她致敬。

所以世界上仍然存在着很多差异。殖民主义并没有消除它们。殖民主义没有就基督教、商业或文明给出清晰的描绘。它没有使马什皮人成为美国人，也没有使津巴布韦人成为英国人；"cricket"一词在津巴布韦的含义并不清晰。全球化也没能消除差异。伯利兹的卫星电视没有摧毁当地文化；如果说有什么作用的话，这种全球流动的渠道只会让它重新焕发活力——甚或可以说有助于成全和完善它。

然而，为了差异本身而寻求差异并不是人类学的目的。如果是这样，我们真的会眼花缭乱，甚至变得盲目。人类学希望记录差异——经常希望见证差异——同时也希望理解这些差异。人类学寻求解释。"本土观点"不仅仅是视角问题；它们也是逻辑和推理模式的问题。它们揭露了一些关于"土著如何思考"的信息。

那么，在了解开罗人寻求法特瓦这一实践的同时，我们也了解了在伊斯兰教中，自由是如何通过它与权威的关系得到定义，而不只是作为对权威的反抗。玻利维亚的艾斯艾赫人减弱了足球的竞争性，因为他们笃信平等主义。我们经常发现平等主义的价值观在小规模、无国家的社会中得到高度发展，传统上这些社会往往将私有财产的重要性降至最低。伦敦的期货交易商转向科技，因为他们想要将市场交易放入一个非人工的系统中运作。如果生意与私人关系无关，那么在生意中就该尽可能消除来自人的影响。来自特罗布里恩德群岛的人参与库拉交换，是因为这种交换给他们带来了名望，也是因为它强化了社会性的逻辑。在社会性中，个人的位置是通过与他人的关系来确定的。对于切尔诺贝利灾难的受害者来说，受苦定义了他们的生活，他们被夹在了一个不复存在的苏联帝国的政治和科学政体与一个日益衰退的、挣扎着维系自身存在的后社会主义国家之间。他们的例子尤其有代表性，说明在许多当代语境中，我们如何看待生物性公民身份的诞生，对这种身份的宣称不是基于人的状况，而是基于医学状况。中国东北部乡村里的新娘和朱兹山谷里哀悼的女儿，都采用了个人主义的语汇，但这并不只是对西方意识的拙劣模仿。她们正在利用新事物来支撑、复兴和再造旧事物。书中有许多例子能够帮助我们理解传统和现代不是固定的状态，而是流动的、关系性的。这些来自中国的例子只是其中的两个。

当然，人类学并不只是"寻求解释"。毕竟，政治学、哲学和社会学也都提供解释。人类学最鲜明的区别性特征，是它给出的这些解释在很大的程度上依赖地方性知识（local knowledge）。"hau"不仅仅是毛利人的术语；近一个世纪以来，它一直是人类学的一个固定术语。它提醒我们，人与物之间的区别并不像我们通常想象的那样清晰。视角主义同样不仅仅是某些美洲印第安人世界观的表征；这是一道智力考验，它促使人类学家思考我们是否能够（并且应该）重新思考人性和人类的边界。

换句话说，很多人类学解释都涉及人物－背景反转，即调换你所看到的前景和背景。为了得到整体性的解释，人类学往往不得不颠覆常识，质疑被认为是理所当然的事。人类学不仅促使我们重新考虑我们认为我们知道的东西——什么是丰裕，为什么血缘是重要的，什么构成了理性——而且也促使我们重新考虑我们认知的前提和方式。它包含了奇怪和惊异的元素。

我们已经了解到，在哈根山人当中，从野生 / 家养的角度思考比从自然 / 文化的角度思考更有意义。自然和文化并不是根深蒂固的二元对立。它们是具有特定历史的概念。对雅韦提人来说，自然和文化则是更合适、更有用的术语，但它们各自所占的比例必须颠倒过来。而在西方，我们认为自然只有一个，但文化有许多种。在美洲印第安人的宇宙观中，情况却正好相反。因纽皮亚特人很少看重"血缘"。但美国人、英国人和其他许多人在考虑亲属关系时则十分看重它。在因纽皮亚特完全可以说："他曾经是我的表亲。"这里的"曾经"一词并不意味着死亡。在加拿大和美国，医疗技术的进步，世俗化的动力，以及"生命的礼物"这样有说服力的修辞使病人脑死亡的概念合法化。在这些语境中，器官捐献是给予病人能动性的一种方式。如果这不是一种在世界上行事的精神的话，它很可能是这种精神的现代对应物——这并不是说技术能力决定了生死之分。在日本，同样发达的医疗技术并没有同样导致认知上的身心分离：日本人认为"活的尸体"的概念是自相矛盾的。

我希望其中有些具体的细节可以给你留下长久的印象。事实、社会和其他的（虽然也许不是"另类的"）事实仍然有价值。* 了解一些关于印度种姓制度的事情、什么（不）是法特瓦以及世界上有一个叫特罗布里恩德群岛的地方是有用处的——现在在特洛布里恩德群岛上，文化旅游和五旬节派传教士已经和库拉圈的古老传统以及葬礼上交换香蕉叶布同样受到关注了。† 人类学看待知识的方式始终具有伦理维度。增进对他人的理解，让我们变成更好的人。无论这里的"他人"是祖尼人还是伦敦人，对人类学研究来说都具有同等价值。鲁思·本尼迪克特1934 年提出的观点今天也同样具有现实意义："文明从来没有像现在这样需要真正有文化意识的人，他们能够客观地看到其他群体的社会习惯行为，而不会感到害怕并提出非难。"[1]

　　不过，除了人类学的趣闻逸事之外，我希望你在阅读本书后，能够得到某种程度的人类学的感知力——如何在你身边的世界中运用人类学的方法来认知和感受。如何像人类学家一样思考。

---

* 唐纳德·特朗普的顾问凯莉安·康威（Kellyanne Conway）在 2017 年 1 月接受NBC 周日早间新闻节目《与媒体见面》（*Meet the Press*）采访时创造了"另类事实"（alternative facts）一词。有关视频请参见 http://www. nbcnews. com/meet-press/video/Conway-pression-signation-give-facts-86014213（最后一次访问时间为 2017 年 3 月14 日）。我不认为人类学家会把这个词收进术语词典之中。

† 21 世纪初，当米歇尔·麦卡锡（Michelle MacCarthy）前往特罗布里恩德群岛去为她在奥克兰大学的博士学位论文做调查时，文化旅游已成为岛上居民生计的重要来源。她在论文中详细讨论了这一点（MacCarthy, 2012）。在随后的旅行中，她发现一些被五旬节派传教士传递的信息所影响的妇女已经停止生产香蕉叶布；五旬节派认为这是浪费时间（MacCarthy, 2017）。

　　某些人类学研究项目可能看起来比另一些与这个世界更有关联，更符合你的关切——比如对芝加哥和伦敦金融市场的研究，或者对器官捐献和临终关怀的伦理研究。这些项目有很好的适用性，甚至可能有实际意义。例如，玛格丽特·洛克对器官移植的研究，使她在国际器官移植伦理论坛（International Forum for Transplant Ethics）上发挥了关键作用。她与一位哲学家和一位律师一起，在此论坛上与移植外科医生和其他医疗专业人员一起工作了数年，以推动在器官采购的伦理层面上采取更具全球性视野的做法。这体现了人类学的重要性，这让人类学与众不同。这类工作拓展和延伸了更广泛意义上的公众和政策传统，可以追溯到弗朗茨·博厄斯干预种族问题的社会辩论。

　　不过，我也想表明，人类学的相关性远远不限于这些情况。了解巴索托人的"牛的神秘"，与了解西方的医学伦理、金融市场和核科学同等适用于理解我们的世界。这是一个例子，它说明那些遥远的人和地方是如何与我们紧密联系在一起的。牛的神秘告诉了我们关于巴索托的信息，但它也告诉了我们一些关于全球采矿业的东西，人们如何利用金钱和其他资产来就性别关系进行商议，以及传统如何成为创造力和创新的伟大源泉。在未来的几十年里，对牛的神秘性再次进行研究也很可能告诉我们一些关于气候变化的事情；毕竟，这一切最开始都是源于一场旱灾。

　　人类学家保罗·理查兹（Paul Richards）在近期的一项关

于西非 2013 至 2015 年埃博拉疫情的研究中提及英国政治家诺曼·特比特（Norman Tebbit）所说的话，特比特曾提出，"纳税人再也负担不起资助对上沃尔特（Upper Volta）地区的婚前礼俗实践进行毫不相干的人类学研究了"[2]。然而，正是在对许多这类看似不相关、深奥或琐碎的事情，或者可以说是文化奇景的研究中，我们经常获得有价值的、被忽视的或被熟视无睹的洞见。它们实际上非常重要。理查兹四十多年来一直在塞拉利昂进行研究，该国是埃博拉疫情中官方通报死亡人数第二高的国家。他对疫情的分析充分留意了流行病学数据、病理学事实和数字以及国际社会所做的不同反应的优缺点。但他书中的大部分内容都是关于门代村（Mende）和特明村（Temne）丧葬习俗的详细民族志描述。为什么？因为尸体下葬前的准备工作是"超级传播事件"（super-spreader events）之一。人们希望他们所爱的人得到适当的清洗和护理，但这也是最有可能接触到可以传播埃博拉病毒的体液的方式之一。

那么，了解一些西非的丧葬传统，更重要的是，了解当地人该如何改变自己的行为，才能同时适应公共卫生的要求和文化的考量，是遏止这一流行病的必要先决条件。没错，防护服很重要。体液补充、救护车和战地医院，以及国内外医学专家和志愿者勇敢的工作都很重要。但了解当地技术，熟悉当地护理、纪念的方式和常识的传统也很重要。换言之，文化以及作为一门社会科学的人类学也很重要。

扩展阅读

参考文献中包含了许多扩展阅读的内容，而且还有很多书目需要被继续添加进来。但在这里，我想提供一份简短的阅读清单，只有10本。这些可能是比较有趣，而且非专业人士也很容易接受的作品。事实上，所有这些书都有一个共同点，那就是它们都出自非常优秀的作家之手。这其中一半的作品是宏观的、综合性的，而且备受争议；另一半则是民族志作品，侧重广泛的社会政治意义和关切。

RUTH BENEDICT, *Patterns of Culture* (New York: Houghton Mifflin Harcourt, 1934)

你可能已经猜到了，这是我一直以来的最爱。特别是前两章，仍然是迄今为止对于文化的重要性所做的最优秀、最富有激情和最清晰的论述。

ADAM KUPER, *Culture: the anthropologist's account* (Cambridge, Mass.: Harvard University Press, 1999)

推荐这样一本书似乎比较公平，这位人类学家同行和我意见相左，他认为文化并非必不可少的概念。库珀是对文化持质疑态度一方观点的旗手，一方面他质疑这个词在更广泛的公共场合被使用和滥用的方式，另一方面这是因为他认为这个词在概念上的缺陷是无法被克服的。

DANIEL MILLER, *Stuff*（Cambridge: Polity Press, 2009）

东西指的是物质文化。牛仔裤、房屋、手机、汽车、纱丽：米勒对几乎所有可以称作人工制品的东西感兴趣。米勒是物质文化研究的领军人物，这本书不仅浓缩了他自 20 世纪 80 年代初以来认真研究、接触、穿戴、驾驶、切身观察和思考的所有对物质文化的反思，而且通俗易懂。

DAVID GRAEBER, *Debt: The first 5,000 years*（New York: Melville House, 2011）

这是另一本我已经在文中讨论过的书。这本书的伟大之处在于它是如何利用人类学记录来挑战我们对一系列事物的基本假设——不仅仅是债务和道德负担，还有金钱的发明和国家在现代社会中的作用。读了这本书，你会对 2008 年的全球信贷危机和随后的"紧缩"状态产生非常独特的理解。

LILA ABU-LUGHOD, *Do Muslim women need saving?*（Cambridge, Mass.: Harvard University Press, 2015）

简短的回答就是：她们不需要被拯救。读这本书是为了寻找原因。这将使你进一步了解为什么文化相对主义是一种有价值的研究思路，可以帮助我们处理当代世界棘手的社会和政治问题。它还非常清楚地阐述了这个问题本身是如何与殖民时代的"文明教化"世界计划联系在一起的。

JASON DE LEÓN, *The land of open graves: living and dying on the migrant trail*（Berkeley: University of California Press, 2015）和 RUBEN ANDERSSON, *Illegality, Inc.: clandestine migration and the business of bordering Europe*（Berkeley: University of California Press, 2014）.

这两本书你可能会希望一起读。就莱昂的作品而言，其研究重点是美国和墨西哥边境；在安德森的书里，重点则是非洲人穿越地中海进入西班牙。这两本书都显示了移民的人性一面。他们讲述了一些有深度和亲密感的个人故事，帮助我们理解承担如此严重风险背后的逻辑和动机。在莱昂的书中，你也将了解到文化人类学如何与考古学和生物人类学相结合，因为他最重要的一些数据来自这些其他的子领域。

ILANA GERSHON, *Down and out in the new economy: how people find（or don't find）work today*（Chicago: University of Chicago Press, 2017）

促使她写作此书的部分原因是她的学生在印第安纳大学毕业后即将直面就业市场。格尔沙的作品饶有趣味地审视了求职者是如何越来越多地依赖新媒体技术，以及如何将自己"品牌化"成可以行走和交谈的小型企业，而不是"品牌化"成个体。此书是对经济的研究，但同时也是对 21 世纪人类观念变化的研究。

KIM TALLBEAR, *Native American DNA: tribal belonging and the false promise of genetic science*（Minneapolis: University of Minnesota Press, 2013）

我已经在文中不同章节中强调过塔尔贝里所挑选的两个关注点：血统的力量和基因在种族和文化认同政治中的力量。这本书讲述了有多少美洲原住民群体开始从 DNA 和遗传学的角度进行思考（在某些案例中，他们被迫这样思考）。

ALPA SHAH, *In the shadows of the state: indigenous politics, environmentalism, and insurgency in Jharkhand, India*（Durham, NC: Duke University Press, 2010）

过去几十年里，印度一直大力倡导群体权利，其崇高意图是使边缘化的原住民群体摆脱贫困和社会排斥。然而，正如沙阿记录的那样，在恰尔肯德，这些努力常常使情况变得更糟。因为它建立了一个理想化的模型，以指导人们应该如何与周围的自然"和谐"地生活。如果你对发展和人权感兴趣，这是一本值得一读的好书。

致谢

　　如果你曾经不经意地问我："你有没有想过写一部人类学导论?"我会说:"不可能!"这是多么疯狂的事啊。但后来，卡西安娜·约尼查（Casiana Ionita）邀请我为她写一本人类学导论，并收入20世纪图书界最令人惊叹的书系之一：鹈鹕丛书中。她此后也成了我在企鹅出版社的编辑。那么，事情就完全不一样了。在我接受这一挑战后的几周后，普林斯顿大学出版社的弗雷德·阿佩尔（Fred Appel）在9月某个雨天的一次午餐上问我，人类学是否需要一些导论之类的作品，不仅仅是针对学生，而且或许是针对更广泛的大众读者、更广泛的公众。这是什么样的巧合? 我欠卡西安娜和弗雷德一大笔人情——他们一直都是出色的编辑和交流伙伴。

　　我的一些朋友和同事曾阅读过本书的全部或部分手稿，并给出了有益的反馈。他们是：乔恩·比亚韦茨基（Jon Bialecki）、马克西姆·博尔特（Maxim Bolt）、杰弗里·休斯（Geoffrey Hughes）、丽贝卡·纳什（Rebecca Nash），以及普林斯顿大学出版社为在美国发行的版本所委托的四位匿名评论人。在写作过程中，我还向一些同事征求了意见，就他们更熟悉的各种文化问题征求观点。我无法一一列举他们的名字，但我仍然要在此谢谢他们。我还要感谢汉娜·科特雷尔（Hannah Cottrell）帮助整理参考文献，感谢简·罗伯逊（Jane Robertson）所做的编辑工作。如果本书中尚有任何残存的错误或过失，那责任当然全部在我。

最后但同样重要的是，我要感谢所有曾经教导我人类学的人，这不仅包括我在芝加哥大学和弗吉尼亚大学求学期间的专职老师们，也包括我在伦敦政治经济学院的同事们和学生们，他们的工作和对人类学的热爱一直是我灵感的源泉。

注释

导论：熟悉与陌生

1　Cushing, 1978, p. 46.

2　Ibid., p. 319.

3　Ibid., p. 279.

4　Zaloom, 2006, pp. 9, 8.

5　Ibid., p. 10.

6　Sahlins, 1972, p. 4.

7　Ibid., p. 37.

8　Ibid., p. 9.

9　<http://www.survivalinternational.org/galleries/hadza>; 2016 年 12 月 19 日访问。

10　Powdermaker, 1951.

11　Parkin, 2005, p. 169.

12　引自 Green, 1990, p. 12；更多细节见 pp. 10–11。

13　Hughte, 1994.

14　如果你想了解更多历史上人类学家在镇压叛乱运动中扮演的角色，可以参阅 Roberto Gonzalez 于 2009 年出版的小册子。

15　Malinowski, 1922, p. 25; 强调部分（以及性别化选择）为原著所加。

16　Ibid., pp. 5–6.

17　你可以通过以下网址收听迈兹杰格接受《哈佛商业评论》的采访

<https://hbr.org / 2014 / 03 / ananthropologistwalksintoabar>。

18 <http://www.theguardian.com / business / 2008 / oct / 31 / creditcrunchgillian tett nancialtimes>.

第一章　文化

1 Mitchell, 2017, pp. 33, 34.

2 引用自 Bunzl, 1996, p. 32。

3 引用自 Stocking, 1968, p. 136。

4 Geertz, 1973, p. 5.

5 Kleinman, 2004.

6 Ibid., p. 951.

7 引用自 Handler, 1988, p. 141。

8 Manning, 2008.

9 Deetz, 1995, p. 4.

10 Coward, 2013.

11 Arnold, 1932 [1869], p. 70.

12 Tylor, 1871, p. 1.

13 White, 2007 [1959], p. 12.

14 Benedict, 1934, p. 14.

15 Baker, 2011, p. 122. 同样参阅 Baker，1998 和 Stocking，1968，可以更全面地了解这段历史。

16 Lévi-Strauss, 1966, p. 268.

17 Luhrmann, 2012.

18 Brightman, 1995.

19 Robbins, 2007.

20 Diana Fuss, 1989, p. xi. 她不是人类学家，而是文学批评家。但是她就本质主义这一概念写作了一部非常优秀的作品。

21 Bourdieu, 1977, pp. 72, 73.

22 Appadurai, 1996.

23 <http://anthropology.columbia.edu/people/pro le/347>; 2016 年 3 月 28 日

访问。

24　Abu-Lughod, 1991.

25　Radcliffe-Brown, 1940.

26　Firth, 1951, p. 483.

27　Clifford, 1988a, p. 10.

28　马林诺夫斯基的话引自 Brightman, 1995, p. 534。

29　Lowie, 2004 [1935], pp. xxi–xxii.

30　Kroeber and Kluckhohn, 1952, p. 357.

第二章　文明

1　这条推特发布于 2016 年 12 月 19 日 <https://twitter.com/realDonaldTrump?
ref_src=twsrc%5Egoogle%7Ctwcamp%5Eserp%7Ctwgr%5Eauthor>; 2016 年
12 月 20 日访问。

2　Trautmann, 1987, p. 10.

3　Tylor, 1871, p. 2.

4　见 Stocking, 1987, p. 10。

5　Morgan, 1877, pp. 4–12.

6　同上 , p. 16。

7　Tylor, 1871, p. 24.

8　Morgan, 1877, p. 169.

9　Boas, 1896, p. 908.

10　Ferry, 2012, p. 295.

11　Comaroff and Comaroff , 1991; 1997.

12　Ibid., p. 213.

13　Fanon, 1967 [1952], p. 17; p. 18.

14　Lepri, 2006.

15　Ibid., p. 75.

16　Huntington, 1993.

17　Ibid., p. 24.

18　Ibid., p. 25.

19 <http://georgewbushwhitehouse.archives.gov/news/releases/2001/09/200109162.html>；2016 年 5 月 5 日访问。

20 引自 McFate, 2005, p. 46。

21 Fabian, 1983, p. 41.

22 Gardner and Lewis, 2015.

23 https://www.theguardian.com/katine，2016 年 10 月 19 日访问。

24 http://www.theguardian.com / katine / 2010 / oct / 30 / story-katine- anthropologist-ben-jones，2016 年 5 月 5 日访问。

25 <https://www.theguardian.com/katine/2007/oct/20/about>；2016 年 10 月 19 日访问。

26 Wengrow, 2010.

27 Ibid., p. xviii.

28 Ibid., p. 175.

第三章 价值观

1 Peristiany, 1965, p. 9.

2 引自 PittRivers, 1965, p. 52。

3 Ibid., p. 41.

4 Schneider, 1971, p. 4.

5 Ibid., p. 17.

6 Herzfeld, 1980.

7 AbuLughod, 1986.

8 BenYehoyada, 2014.

9 Candea and Da Col, 2012.

10 引用自这篇文章未发表的英文版本，作者热心地授权于我。这篇文章的法文版见 Shryock, 2001。

11 Dumont, 1970 [1966], p. 35.

12 Ibid., p. 21.

13 Srinivas, 1959.

14 Fuller, 1993, pp. 13–14. 此书是关于印度教绝佳的人类学导论。

15　Dumont, 1970 [1966], p. 10; p. 3.

16　Ibid., p. 6.

17　Ibid., p. 218.

18　Ibid., p. 66

19　Ibid., p. 20.

20　Robbins, 2004.

21　Ibid., p. 295.

第四章　价值

1　引用自 Ferguson, 1985, p. 652。

2　<http://www.bridesmagazine.co.uk / planning / general / planning service/2013/01/averagecostofwedding>；最后一次访问 2016 年 10 月 5 日。

3　<http://www.ons.gov.uk / employmentandlabourmarket / peopleinwork / earningsandworkinghours / bulletins /annualsurveyofhoursandearnings / 20131212>；2016 年 10 月 5 日访问。

4　Malinowski, 1922, p. 84; p. 86.

5　Ibid., p. 89.

6　Ibid., p. 510.

7　Ibid., p. 97.

8　Sahlins, 1996, p. 398.

9　Mauss, 1990 [1926], p. 12.

10　Ibid., p. 65.

11　Hart, 1986.

12　Hart, 2005.

13　Ibid., p. 4.

14　Jeske, 2016.

15　Ibid., p. 485.

16　Ibid., p. 486.

17　Ibid., p. 490.

18　James, 2015.

19　Ibid., p. 55.

20　Graeber, 2007.

21　Graeber, 2011.

22　Ibid., p. 103.

第五章　血统

1　Morgan, 1871, p. 10.

2　Schneider, 1968.

3　Ibid., p. 25.

4　Ibid., p. 13.

5　Stack, 1976, pp. 45–61.

6　Sussman, 2015.

7　<https://s3.amazonaws.com/omekanet/3933/archive/files/a21dd53f2a098f-ca5199e481433b4eb2.pdf?AWSAccessKeyId=AKIAI3ATG3OSQLO5HG-KA&Expires=1474327752&Signature=4VgjdKhdCrZpipb4bpQki-GROVe4%3D>；2016 年 9 月 20 日访问。

8　<http://www.telegraph.co.uk/news/politics/2499036/MayorofLondon Boris-JohnsonisadistantrelativeoftheQueen.html>；2016 年 9 月 22 日访问。

9　Schneider, 1968, p. 23.

10　<https://www.washoetribe.us/contents/images/documents/Enrollment Doc-uments/WashoeTribeEnrollmentApplication.pdf>；2016 年 9 月 22 日访问。

11　Strong and Van Winkle, 1996.

12　关于 Washoe 的细节来自于 Strong and Van Winkle, 1996 和 D'Azevedo, 1986。

13　Bodenhorn, 2000.

14　Ibid., p. 147, n. 11.

15　Ibid., p. 136.

16　<https://www.theguardian.com/books/2016/aug/27/ianmcewanauthornut-shellgoinggetkicking>；2016 年 9 月 23 日访问。

17　El Guindi, 2012, p. 545.

18 This is well explored by Peter Parkes, 2004.

19 Clarke, 2007, p. 289. 下文关于黎巴嫩的例子也来自 Clarke 的研究。

20 Carsten, 2000.

21 Strathern, 1988; 1992.

22 Carsten, 2013.

23 Saussure, 1983 [1916], p. 67.

24 Genesis 11:7.

25 <http://www.catholicherald.co.uk/news/2012/03/06/fulltextenglishand welshbishopsletteronsamesexmarriage/>；2016 年 9 月 28 日访问。

26 Carsten, 2013.

27 Herdt, 1982a.

28 Narasimhan, 2011.

29 Turner, 1967, p. 70.

30 亚楚科奇人（Chukchi）的例子来自 Willerslev, 2009。

31 Copeman, 2013.

32 Herdt, 1982b.

33 这些关于努尔人的细节来自 Hutchinson, 2000。

34 Weston（2013）所著的精彩论文是以血液和金融之间的关系为主题的。

35 Turner, 1967.

第六章　身份认同

1 Erikson, 1994.

2 Erikson, 1963, p. 138.

3 Erikson, 1937.

4 Inda and Rosaldo, 2002, p. 4.

5 这个例子来自 Wilk, 2002。

6 <http://secondlife.com>；2016 年 10 月 14 日访问。

7 Boellstorff, 2008, p. 8.

8 <https://www.youtube.com/watch?v=3LBFeJlc4&list=PLI0b2jAH3oFvr6J 0AhWroB9lmOXRN2xLV&index=1>；2016 年 10 月 14 日访问。

9　Templeton, 1998, p. 647. 另外一个很好的来源可见 Sussman, 2015。

10　Benedict, 1934, p. 13.

11　Ibid., p. 14.

12　Baker, 2010.

13　Ibid., p. xi.

14　Baker, 1998, p. 1.

15　Yudell et al., 2016, p. 565.

16　这个例子在人类学历史上非常著名。它来自 James Clifford，1988b 发表的一篇关于文化和身份的开创性论文。Clifford 是思想史家和文化批评家，但他的写作内容常与人类学和人类学家相关。

17　Schieffelin, Woolard and Kroskrity, 1998.

18　此处和下文的词源例子取自 Silverstein（1979）。这是一篇真正意义上开创了整个研究领域的文章。

19　<http://www.telegraph.co.uk/culture/hayfestival/9308062/HayFestival2012TimMinchinbreakstaboos.html>；2016 年 10 月 14 日访问。

20　Gal and Woolard, 2001.

21　Woolard, 2016. 我接下来所关注的绝大多数细节都来自于此书。

22　Ibid., p. 22.

23　<https://www.bnp.org.uk/news/national/video—painindigenous community-ignored>；2016 年 10 月 14 日访问。

24　Woolard, 2016, pp. 3–7.

25　引自 Ibid., p. 223。

26　Ibid., p. 296.

27　Ibid., p. 254.

28　<https://www.bia.gov/cs/groups/xofa/documents/text/idc001338.pdf>；2016 年 10 月 17 日访问。

29　Merry, 2001.

30　Jessie 'Little Doe' Baird, <http://www.wlrp.org>；2016 年 10 月 18 日访问。

31　<http://www.mashpeewampanoagtribe.com/human_services>；2016 年 10 月 18 日访问。

第七章 权威

1 Weiner, 1992.

2 Ibid., p. 12.

3 Ibid., pp. 63–4.

4 Evans-Pritchard, 1931, p. 36.

5 Yan, 2009.

6 Fong, 2004.

7 Yan, 2009, p. 170.

8 引自 Yan, 2009, p. 164。

9 Stafford, 2010, pp. 204–5.

10 Mueggler, 2014.

11 Ibid., p. 213.

12 在撰写这一部分时，我借鉴的论点通常可见以下这些中 Bloch, 1989, Rappaport, 2000, Turner, 1967。这只是仪式理论中的三位主要人物。另外还一些帮助理解的评论，特别是关于仪式和宗教语言的评述可见 Keane, 1997 和 Stasch, 2011。

13 Bloch, 1989, p. 37.

14 Bloch, 2005.

15 关于这些观点的经典表述可见 Bloch and Parry, 1982。

16 Austin, 1975 [1962].

17 有关就职典礼的失误，请参阅 <http://www.nytimes.com/2009/01/22/us/politics/22oath.html>；2016 年 10 月 28 日访问。

18 Austin, 1975 [1962], p. 117.

19 最高法院前法官桑德拉·戴·奥康纳（Sandra Day O'Connor）以这些黑色长袍为主题进行反思，<http://www. smithsonianmag.com/history/justicesandradayoconnoronwhyjudges wearblackrobes4370574/?noist>；2016 年 10 月 28 日访问。

20 Mueggler, 2014, pp. 212–13.

21 Agrama, 2010.

22 Ibid., p. 11.

23 Ibid., p. 13.

24 Evans-Pritchard and Fortes, 1940, pp. 6–7.

25 Howell, 1989.

26 Ibid., pp. 37–8.

27 Ibid., pp. 52–3.

第八章　理性

1   Whorf, 1956, p. 137.

2   Boroditsky, 2009.

3   Whorf, 1956, p. 151.

4   关于这一点，请参见 Enfield（2015），这是近期发表的一篇对 Whorf 研究工作的优秀评论。

5   Whorf, 1956, p. 151.

6   Sperber, 1985.

7   Lévy-Bruhl, 1966 [1926], p. 62.

8   Ibid., p. 61.

9   Evans-Pritchard, 1976 [1937], p. 30.

10 Ibid., p. 25.

11 Ibid., p. 11.

12 Crocker, 1977, p. 184.

13 Ibid., p. 192.

14 Turner, 1991.

15 Handman, 2014, p. 282, n. 3.

16 Overing, 1985, p. 154.

17 Viveiros de Castro, 1992; 1998.

18 Viveiros de Castro, 1998, p. 475.

19 Scott, 2013.

20 Viveiros de Castro, 1992, p. 271.

21 Viveiros de Castro, 1998 p. 470.

22 Scott, 2013, pp. 5–9.

23 Viveiros de Castro, 1992, p. 271.

24 切尔诺贝利事件的后续内容摘自 Petryna，2003；"爆炸的生活"这个短语正出自她的笔下。

25 Evans-Pritchard, 1976 [1937], p. 19.

第九章 自然

1 Said, 1993.

2 Sahlins, 1976.

3 这个列表被发布在"野蛮人的思维（Savage Minds）"，一个流行人类学博客上，<http://savageminds.org/2011/04/17/anthropological-keywords-2011-edition/>；2016 年 12 月 7 日访问。

4 见 Lévi-Strauss, 1963, p. 33。

5 引用自 Lévi-Strauss, 1964。

6 Lévi-Strauss, 1966, p. 268.

7 Bloch, 2012, p. 53.

8 Lock, 2002.

9 Ibid., p. 279.

10 Ibid., p. 51.

11 <https://www.ipsos-mori.com/researchpublications/researcharchive/3685/Politicians-are-still-trusted-less-than-estate-agents-journalists-and- bankers.aspx#gallery[m]/0/>；2016 年 12 月 12 日访问。

12 来自 2015 年 12 月的盖洛普民意测验 <http://www.gallup.com/poll/1654/honesty-ethics-professions.aspx>；2016 年 12 月 12 日访问。

13 Martin, 1991.

14 Ibid., p. 490.

15 Ibid., p. 500.

16 2015 年，马利根（Mulligan，2015）对刚果民主共和国的表观遗传学研究进行了总结。参阅同一期 American Anthropologist 可以了解一系列关于人类遗传学的概述。

17 McKinnon, 2005.

18　Ibid., pp. 29–33.

19　Astuti, Solomon and Carey, 2004.

20　Astuti, 1995.

21　Astuti, Solomon and Carey, 2004, p. 117.

22　Keane, 2015.

23　Ibid., p. 262.

结论：像人类学家一样思考

1　Benedict, 1934, pp. 10–11.

2　Richards, 2016, p. 8. Tebbit 的这番话源于他某次与皇家人类研究所所长的有趣交谈。（见 Benthall, 1985）

参考文献

- Abu-Lughod, Lila. 1986. *Veiled sentiments: honor and poetry in a Bedouin society*. Berkeley: University of California Press.
- Abu-Lughod, Lila. 1991. Writing against culture. In *Recapturing anthropology: working in the present*. Richard G. Fox (ed.), pp. 137–62. Santa Fe: School of American Research Press.
- Agrama, Hussein Ali. 2010. Ethics, tradition, authority: Toward an anthropology of the fatwa. *American Ethnologist* 37(1): 2–18.
- Appadurai, Arjun. 1996. *Modernity at large: cultural dimensions of globalization*. Minneapolis: University of Minnesota Press.
- Arnold, Matthew. 1932 [1869]. *Culture and anarchy*. J. Dover Wilson (ed.). Cambridge: Cambridge University Press.
- Astuti, Rita. 1995. *People of the sea: identity and descent among the Vezo of Madagascar*. Cambridge: Cambridge University Press.
- Astuti, Rita, Gregg Solomon and Susan Carey. 2004. *Constraints on conceptual development: a case study of the acquisition of folkbiological and folksociological knowledge in Madagascar*. Monographs of the Society for Research in Child Development, Volume 69, number 3.
- Austin, John L. 1975 [1962]. *How to do things with words*. Cambridge, Mass.: Harvard University Press.
- Baker, Lee D. 1998. *From savage to negro: anthropology and the construction of race, 1896–1954*. Berkeley: University of California Press.
- Baker, Lee D. 2010. *Anthropology and the racial politics of culture*. Durham: Duke University Press.
- Baker, Lee D. 2011. The location of Franz Boas within the African-American struggle. In *Franz Boas: Kultur, Sprache, Rasse*. Friedrich Pohl and Bernhard Tilg (eds), pp. 111–29. Vienna: Lit Verlag.
- Benedict, Ruth. 1934. *Patterns of culture*. New York: Houghton Mifflin Harcourt.

- Benthall, Jonathan. 1985. The utility of anthropology: an exchange with Norman Tebbit. *Anthropology today* 1(2): 18–20.
- Ben-Yehoyada, Naor. 2014. Mediterranean modernity? In *A companion to Mediterranean history*. Peregrine Horden and Sharon Kinoshita (eds), pp. 107–21. Oxford: John Wiley & Sons.
- Bloch, Maurice. 1989. *Ritual, history and power: selected papers in anthropology*. London: Athlone.
- Bloch, Maurice. 2005. Ritual and deference. In *Essays on cultural transmission*, pp. 123–37. Oxford: Berg.
- Bloch, Maurice. 2012. *Anthropology and the cognitive challenge: new departures in anthropology*. Cambridge: Cambridge University Press.
- Bloch, Maurice and Jonathan Parry (eds). 1982. *Death and the regeneration of life*. Cambridge: Cambridge University Press.
- Boas, Franz. 1896. The limitations of the comparative method of anthropology. *Science* 4(103): 901–908.
- Bodenhorn, Barbara. 2000. 'He used to be my relative': exploring the bases of relatedness among Iñupiat of northern Alaska. In *Cultures of relatedness: new approaches to the study of kinship*. Janet Carsten (ed.), pp. 128–48. Cambridge: Cambridge University Press.
- Boellstorff, Tom. 2008. *Coming of age in Second Life: an anthropologist explores the virtually human*. Princeton: Princeton University Press.
- Boroditsky, Lera. 2009. How does our language shape the way we think? In *What's next? Dispatches on the future of science: original essays from a new generation of scientists*. Max Brockman (ed.), pp. 116–29. New York: Vintage Books.
- Bourdieu, Pierre. 1977. *Outline of a theory of practice*. Cambridge: Cambridge University Press.
- Brightman, Robert. 1995. Forget culture: replacement, transcendence, reflexification. *Cultural Anthropology* 10(4): 509–46.
- Bunzl, Matti. 1996. Franz Boas and the Humboldtian tradition: from *Volksgeist* and *Nationalcharakter* to an anthropological concept of culture. In *Volksgeist as method and ethic: essays on Boasian anthropology and the German anthropological tradition*. George. W. Stocking, Jr. (ed.), pp. 17–78. *History of Anthropology*, Volume 8. Madison: University of Wisconsin Press.
- Candea, Matei and Giovanni Da Col (eds). 2012. *The return to hospitality*. Special Issue, *Journal of the Royal Anthropological Institute* 18(S).
- Carsten, Janet (ed.). 2000. *Cultures of relatedness: new approaches to the study of kinship*. Cambridge: Cambridge University Press.

- Carsten, Janet (ed.). 2013. *Blood will out: essays on liquid transfers and flows.* Special Issue, *Journal of the Royal Anthropological Institute* 19(S).
- Carsten, Janet. 2013. 'Searching for the truth': tracing the moral properties of blood in Malaysian clinical pathology labs. *Journal of the Royal Anthropological Institute* 19(S): S130–S148.
- Clarke, Morgan. 2007. The modernity of milk kinship. *Social Anthropology* 15(3): 287–304.
- Clifford, James. 1988a. Introduction: the pure products go crazy. In *The predicament of culture: twentieth-century ethnography, literature, and art*, pp. 1–18. Cambridge: Harvard University Press.
- Clifford, James. 1988b. Identity in Mashpee. In *The predicament of culture: twentieth-century ethnography, literature, and art*, pp. 277–343. Cambridge: Harvard University Press.
- Comaroff, Jean and John Comaroff, 1991. *Of revelation and revolution: Christianity, colonialism, and consciousness in South Africa*, Volume 1. Chicago: University of Chicago Press.
- Comaroff, Jean and John Comaroff. 1997. *Of revelation and revolution: the dialectics of modernity on a South African frontier*, Volume 2. Chicago: University of Chicago Press.
- Copeman, Jacob. 2013. The art of bleeding: memory, martyrdom, and portraits in blood. *Journal of the Royal Anthropological Institute* 19(S): S149–S171.
- Coward, Fiona. 2013. Grounding the net: social networks, material culture, and geography in the Epipalaeolithic and Early Neolithic of the Near East (~21,000–6,000 cal BCE). In *Network analysis in archaelology: new approaches to regional interaction.* Carl Knappett (ed.), pp. 247–80. Oxford: Oxford University Press.
- Crocker, J. Christopher. 1977. My brother the parrot. In *The social use of metaphor: essays on the anthropology of rhetoric.* J. David Sapir and J. Christopher Crocker (eds), pp. 164–92. Philadelphia: University of Pennsylvania Press.
- Cushing, Frank H. 1978. *Zuni: selected writings of Frank Hamilton Cushing.* Jesse Greene (ed.). Lincoln and London: University of Nebraska Press.
- D'Azevedo, Warren. 1986. Washoe. In *Handbook of North American Indians: Great Basin*, Volume 11. William Sturtevant (ed.), pp. 466–98. Washington, DC: Smithsonian Institution.
- Das, Veena. 1995. *Critical events: an anthropological perspective on contemporary India.* Oxford: Oxford University Press.

- Deetz, James. 1995. *In small things forgotten: an archaeology of early American life*. New York: Anchor Books.
- Dirks, Nicholas. 2001. *Castes of mind: colonialism and the making of modern India*. Princeton: Princeton University Press.
- Dumont, Louis. 1970 [1966]. *Homo hierarchicus: the caste system and its implications*. Chicago: University of Chicago Press.
- El Guindi, Fadwa. 2012. Milk and blood: kinship among Muslim Arabs in Qatar. *Anthropos* 107(2): 545–55.
- Enfield, Nick. 2015. Linguistic relativity from reference to agency. *Annual Review of Anthropology* 44: 207–24.
- Erikson, Erik H. 1937. Observations on Sioux education. *The Journal of Psychology* 7(1): 101–56.
- Erikson, Erik H. 1963. *Childhood and society*. London: W. W. Norton and Company.
- Erikson, Erik H. 1994. *Identity: youth and crisis*. London: W. W. Norton and Company.
- Evans-Pritchard. E. E. 1931. An alternative term for 'bride-price'. *Man* 31: 36–9.
- Evans-Pritchard, E. E. 1976 [1937]. *Witchcraft, oracles and magic among the Azande*. Oxford: Oxford University Press.
- Evans-Pritchard, E. E. and Meyer Fortes (eds). 1940. *African political systems*. Oxford: Oxford University Press.
- Fabian, Johannes. 1983. *Time and the other: how anthropology makes its object*. New York: Columbia University Press.
- Fanon, Frantz. 1967 [1952]. *Black skin, white masks*. New York: Grove Press.
- Ferguson, James. 1985. The Bovine Mystique: power, property and livestock in rural Lesotho. *Man* 20(4): 647–74.
- Ferry, Jules. 2012. Speech before the French National Assembly (28 July 1883). In *The human record: sources of global history*, Volume 2. Alfred Andrea and James Overfield (eds), pp. 295–7. Boston: Wadsworth.
- Firth, Raymond. 1951. Contemporary British social anthropology. *American Anthropologist* 53(4): 474–89.
- Fong, Vanessa. 2004. Filial nationalism among Chinese teenagers with global identities. *American Ethnologist* 31(4): 631–48.
- Fuller, Christopher. 1993. *The camphor flame: popular Hinduism and society in India*. Princeton: Princeton University Press.
- Fuss, Diana. 1989. *Essentially speaking: feminism, nature and difference*. New York: Routledge.
- Gal, Susan and Kathryn A. Woolard (eds). 2001. *Languages and publics: the making of authority*. Manchester: St Jerome Publishing.

- Gardner, Katy and David Lewis. 2015. *Anthropology of development: challenges for the twenty-first century*. London: Pluto Press.
- Geertz, Clifford. 1973. Thick description: toward an interpretive theory of culture. In *The Interpretation of cultures*, pp. 3–30. New York: Basic Books.
- Gonzalez, Roberto. 2009. *American counterinsurgency: human science and the human terrain*. Chicago: Prickly Paradigm Press.
- Graeber, David. 2007. *Lost people: magic and the legacy of slavery in Madagascar*. Bloomington: Indiana University Press.
- Graeber, David. 2011. *Debt: the first 5,000 years*. New York: Melville House Publishing.
- Green, Jesse. 1990. *Cushing at Zuni: the correspondence and journals of Frank Hamilton Cushing, 1879–1884*. Albuquerque: University of New Mexico Press.
- Handler, Richard. 1988. *Nationalism and the politics of culture in Quebec*. Madison: University of Wisconsin Press.
- Handman, Courtney. 2014. *Critical Christianity: translation and denominational conflict in Papua New Guinea*. Berkeley: University of California Press.
- Hart, Keith. 1986. Heads or tails? Two sides of the coin. *Man* 21(4): 637–56.
- Hart, Keith. 2005. *The hit man's dilemma: or, business, personal and impersonal*. Chicago: Prickly Paradigm Press.
- Herdt, Gilbert H. 1982a. Sambia nosebleeding rites and male proximity to women. *Ethos* 10(3): 189–231.
- Herdt, Gilbert H. (ed.). 1982b. *Rituals of manhood: male initiation in Papua New Guinea*. Berkeley: University of California Press.
- Herzfeld, Michael. 1980. Honour and shame: some problems in the comparative analysis of moral systems. *Man* 15(2): 339–51.
- Howell, Signe. 1989. *Society and cosmos: Chewong of peninsular Malaysia*. Chicago: University of Chicago Press.
- Hughte, Phil. 1994. *A Zuni artist looks at Frank Hamilton Cushing*. Albuquerque: University of New Mexico Press.
- Huntington, Samuel P. 1993. The clash of civilizations? *Foreign Affairs* 72(3): 22–49.
- Hutchinson, Sharon Elaine. 2000. Identity and substance: the broadening bases of relatedness among Nuer of southern Sudan. In *Cultures of relatedness: new approaches to the study of kinship*. Janet Carsten (ed.), pp. 55–72. Cambridge: Cambridge University Press.
- Inda, Jonathan Xavier and Renato Rosaldo. 2002. Tracking global flows. In *The anthropology of globalization: a reader*. Jonathan Xavier Inda and Renato Rosaldo (eds), pp. 3–46. Oxford: Blackwell Publishing.

- James, Deborah. 2015. *Money from nothing: indebtedness and aspiration in South Africa*. Stanford: Stanford University Press.
- Jeske, Christine. 2016. Are cars the new cows? Changing wealth and goods and moral economies in South Africa. *American Anthropologist* 118(3): 483–94.
- Kajanus, Anni. 2015. *Chinese student migration, gender and family*. Basingstoke: Palgrave Macmillan.
- Keane, Webb. 1997. Religious Language. *Annual Review of Anthropology* 26: 47–71
- Keane, Webb. 2015. *Ethical life: its natural and social histories*. Princeton: Princeton University Press.
- Kleinman, Arthur. 2004. Culture and depression. *New England Journal of Medicine* 351: 951–3.
- Kroeber, A. L. and Clyde Kluckhohn. 1952. *Culture: a critical review of concepts and definitions*. Cambridge, Mass. and London: Harvard University Press.
- Latour, Bruno. 1991. *We have never been modern*. Cambridge: Harvard University Press.
- Lepri, Isabella. 2006. Identity and otherness among the Ese Ejja of northern Bolivia. *Ethnos* 71(1): 67–88.
- Lévi-Strauss, Claude. 1963. *Structural anthropology*. New York: Basic Books
- Lévi-Strauss, Claude. 1964. *Totemism*. London: Merlin Press.
- Lévi-Strauss, Claude. 1966. *The savage mind*. Chicago: University of Chicago Press.
- Lévy-Bruhl, Lucien. 1966 [1926]. *How natives think*. New York: Washington Square Press.
- Lock, Margaret. 2002. *Twice dead: organ transplants and the reinvention of death*. Berkeley: University of California Press.
- Lowie, Robert H. 2004 [1935]. *The Crow Indians*. Lincoln: University of Nebraska Press.
- Luhrmann, Tanya. 2012. *When God talks back: understanding the American evangelical relationship with God*. New York: Vintage Books.
- MacCarthy, Michelle. 2012. *Contextualizing authenticity: cultural tourism in the Trobriand Islands*, PhD thesis. University of Auckland.
- MacCarthy, Michelle. 2017. Doing away with Doba? Women's wealth and shifting values in Trobriand mortuary distributions. In *Sinuous objects*. Anna-Karina Hermkens and Katherine Lepani (eds). Canberra: ANU Press.
- Malinowski, Bronislaw. 1922. *Argonauts of the Western Pacific: an account of the native enterprise and adventure in the archipelagoes of Melanesian New Guinea*. London: Routledge.
- Malinowski, Bronislaw. 1930. Kinship. *Man* 30: 19–29.

- Manning, Paul. 2008. Materiality and cosmology: old Georgian churches as sacred, sublime, and secular objects. *Ethnos* 73(3): 327–60.
- Martin, Emily. 1991. The egg and the sperm: how science has constructed a romance based on stereotypical male-female roles. *Signs* 16(3): 485–501.
- Mauss, Marcel. 1990 [1926]. *The gift: the form and reason for exchange in archaic societies*. London: W. W. Norton and Company.
- Mazzarella, William. 2003. Very Bombay: contending with the global in an Indian advertising agency. *Cultural Anthropology* 18(1): 33–71.
- McFate, Montgomery. 2005. The military utility of understanding adversary culture. *Joint Force Quarterly* 38: 42–8.
- McKinnon, Susan. 2005. *Neo-liberal genetics: the myths and moral tales of evolutionary psychology*. Chicago: Prickly Paradigm Press.
- Merry, Sally Engle. 2001. Changing rights, changing culture. In *Culture and rights: anthropological perspectives*. Jane K. Cowan, Marie-Bénédicte Dembour and Richard A. Wilson (eds), pp. 31–55. Cambridge: Cambridge University Press.
- Mitchell, Joseph. 2017. *'Man-with variations': interviews with Franz Boas and colleagues, 1937*. Chicago: Prickly Paradigm Press.
- Morgan, Lewis H. 1871. *Systems of consanguinity and affinity of the human family*. Washington: Smithsonian Institution.
- Morgan, Lewis H. 1877. *Ancient society; or, researches in the lines of human progress from savagery, through barbarism to civilization*. Chicago: Kerr and Company.
- Mueggler, Erik. 2014. Cats give funerals to rats: making the dead modern with lament in south-west China. *Journal of the Royal Anthropological Institute* 20(2): 197–217.
- Mulligan, Connie. 2015. Social and behavioral epigenetics. *American Anthropologist* 117(4): 738–9.
- Munn, Nancy. 1992. The cultural anthropology of time: a critical essay. *Annual Review of Anthropology* 21: 93–123.
- Narasimhan, Haripriya. 2011. Adjusting distances: menstrual pollution among Tamil Brahmins. *Contributions to Indian Sociology* 45(2): 243–68.
- Ohnuki-Tierny, Emiko. 1984. 'Native' anthropologists. *American Ethnologist* 11: 584–6.
- Overing, Joanna. 1985. Today I shall call him, 'mummy': multiple worlds and classificatory confusion. In *Reason and morality*. Joanna Overing (ed.), pp. 152–79. London: Routledge.
- Parkes, Peter. 2004. Fosterage, kinship, and legend: when milk was thicker than blood? *Comparative Studies in Society and History* 46(3): 587–615.

- Parkin, Robert. 2005. The French-speaking countries. In *One discipline, four ways: British, German, French, and American anthropology*, pp. 155–253. Chicago: University of Chicago Press.
- Peristiany, Jean (ed.). 1965. *Honour and shame: the values of Mediterranean society*. London: Weidenfeld and Nicolson.
- Petryna, Adriana. 2003. *Life exposed: biological citizenship after Chernobyl*. Princeton: Princeton University Press.
- Pitt-Rivers, Julian. 1965. Honour and social status. In *Honour and shame: the values of Mediterranean society*. Jean Peristiany (ed.), pp. 19–77. London: Weidenfeld and Nicolson.
- Popenoe, Rebecca. 2004. *Feeding desire: fatness, beauty and sexuality among a Saharan people*. London: Routledge.
- Powdermaker, Hortense. 1951. *Hollywood: the dream factory: an anthropologist looks at the movie makers*. London: Secker and Warburg.
- Radcliffe-Brown, A. R. 1940. On social structure. *Journal of the Royal Anthropological Institute* 70(1): 1–12.
- Rappaport, Roy A. 2000. *Ritual and religion in the making of humanity*. Cambridge: Cambridge University Press.
- Richards, Paul. 2016. *Ebola: how a people's science helped end an epidemic*. London: Zed Books.
- Robbins, Joel. 2004. *Becoming sinners: Christianity and moral torment in a Papua New Guinea society*. Berkeley: University of California Press.
- Robbins, Joel. 2007. Continuity thinking and the problem of Christian culture: belief, time, and the anthropology of Christianity. *Current Anthropology* 48(1): 5–38.
- Rogoff, Kenneth S. 2016. *The curse of cash*. Princeton: Princeton University Press.
- Sahlins, Marshall. 1972. The original affluent society. In *Stone age economics*, pp. 1–40. Chicago: Aldine Atherton.
- Sahlins, Marshall. 1976. *The use and abuse of biology: an anthropological critique of sociobiology*. Ann Arbor: University of Michigan Press.
- Sahlins, Marshall. 1996. The sadness of sweetness: the native anthropology of Western cosmology. *Current Anthropology* 37(3): 395–428.
- Said, Edward. 1993. *Culture and imperialism*. New York: Vintage Books.
- Samuels, Annemarie. 2012. *After the tsunami: the remaking of everyday life in Bana Aceh, Indonesia*. Doctoral thesis. Leiden University.
- Saussure, Ferdinand de. 1983. *Course in general linguistics*. Chicago: Open Court.
- Schieffelin, Bambi B., Kathryn A. Woolard and Paul Kroskrity (eds). 1998. *Language ideologies: practice and theory*. Oxford: Oxford University Press.

- Schneider, David M. 1968. *American kinship: a cultural account*. Chicago: University of Chicago Press.
- Schneider, Jane. 1971. Of vigilance and virgins: honor, shame and access to resources in Mediterranean societies. *Ethnology* 10(1): 1–24.
- Scott, Michael W. 2013. The anthropology of ontology (religious science?). *Journal of the Royal Anthropological Institute* 19(4): 859–72.
- Shryock, Andrew. 2001. Une politique de 'maison' dans la Jordanie des tribus: réflexions sur l'honneur, la famille et la nation dans le royaume hashémite. In *Émirs et Présidents: figures de la parenté et du politique en islam*. Pierre Bonte, Édouard Conte and Paul Dresch (eds), pp. 331–56. Paris: CNRS.
- Silverstein, Michael. 1979. Language structure and linguistic ideology. In *The elements: a parasession on linguistic units and levels*. R. Cline, W. Hanks and C. Hofbauer (eds), pp. 193–247. Chicago: Chicago Linguistic Society.
- Spencer, Herbert. 1972 [1858]. *On social evolution*. Chicago: University of Chicago Press.
- Sperber, Dan. 1985. *On anthropological knowledge: three essays*. Cambridge: Cambridge University Press.
- Srinivas, M. N. 1959. The dominant caste in Rampura. *American Anthropologist* 61(1): 1–16.
- Stack, Carol. 1976. *All our kin: strategies for survival in a black community*. New York: Basic Books.
- Stafford, Charles. 2010. The punishment of ethical behaviour. In *Ordinary ethics: anthropology, language, and action*. Michael Lambek (ed.), pp. 187–206. New York: Fordham University Press.
- Stasch, Rupert. 2011. Ritual and oratory revisited: the semiotics of effective action. *Annual Review of anthropology* 40:159–74.
- Stocking, George W., Jr. 1968. From physics to ethnology. In *Race, culture, and evolution: essays in the history of anthropology*, pp. 133–61. Chicago: University of Chicago Press.
- Stocking, George W.Jr. 1987. *Victorian anthropology*. New York: The Free Press.
- Strathern, Marilyn. 1988. *The gender of the gift: problems with women and problems with society in Melanesia*. Berkeley: University of California Press.
- Strathern, Marilyn. 1992. *After nature: English kinship in the late twentieth century*. Cambridge: Cambridge University Press.
- Strong, Pauline Turner and Barrik Van Winkle. 1996. 'Indian blood': reflections on the reckoning and refiguring of native North American identity. *Cultural Anthropology* 10(4): 547–76.
- Sussman, Robert. 2015. *The myth of race: the troubling persistence of an unscientific idea*. Cambridge, Mass.: Harvard University Press.

- Templeton, Alan R. 1998. Human races: a genetics and evolutionary perspective. *American Anthropologist* 100(3): 632–50.
- Thoreau, Henry D. 1897. *Walden*. Boston: Houghton Mifflin.
- Trautmann, Thomas R. 1987. *Lewis Henry Morgan and the invention of kinship*. Berkeley: University of California Press.
- Turner, Terence. 1991. We are parrots, twins are birds: play of tropes as operational structure. In *Beyond metaphor: the theory of tropes in anthropology*. James W. Fernandez (ed.), pp. 121–58. Stanford: Stanford University Press
- Turner, Victor. 1967. *The forest of symbols: aspects of Ndembu ritual*. Ithaca: Cornell University Press.
- Tylor, Edward B. 1871. *Primitive culture: researches into the development of mythology, philosophy, religion, art, and custom*. London: John Murray.
- Viveiros de Castro, Eduardo. 1992. *From the enemy's point of view: humanity and divinity in an Amazonian society*. Chicago: University of Chicago Press.
- Viveiros de Castro, Eduardo. 1998. Cosmological deixis and Amerindian perspectivism. *Journal of the Royal Anthropological Institute* 4(3): 469–88.
- Wagner, Roy. 1975. *The invention of culture*. Chicago: University of Chicago Press.
- Weiner, Annette. 1992. *Inalienable possessions: the paradox of keeping-while-giving*. Berkeley: University of California Press.
- Wengrow, David. 2010. *What makes civilization?: the ancient Near East and the future of the West*. Oxford: Oxford University Press.
- Weston, Kath. 2013. Lifeblood, liquidity, and cash transfusions: beyond metaphor in the cultural study of finance. *Journal of the Royal Anthropological Institute* 19(S): S24–S41.
- White, Leslie. 2007 [1959]. *The evolution of culture: the development of civilization to the fall of Rome*. California: Left Coast Press.
- Whorf, Benjamin Lee. 1956. The relation of habitual thought and behaviour to language. In *Language, thought and reality: selected writings of Benjamin Lee Whorf*. John B. Carroll (ed.), pp. 134–59. London: MIT Press.
- Wilk, Richard R. 2002. Television, time and the national imaginary in Belize. In *Media worlds: anthropology on new terrain*. Faye D. Ginsburg, Lila Abu-Lughod and Brian Larkin (eds), pp. 171–86. Berkeley: University of California Press
- Willerslev, Rane. 2009. The optimal sacrifice: a study of voluntary death among the Siberian Chukchi. *American Ethnologist* 36(4): 693–704.
- Woodburn, James. 1982. Egalitarian societies. *Man* 17(3): 431–51.

- Woolard, Kathryn A. 2016. *Singular and plural: ideologies of linguistic authority in 21st century Catalonia*. Oxford: Oxford University Press.
- Yan, Yunxiang. 2009. *The individualization of Chinese society*. London: Bloomsbury.
- Yudell, Michael, Dorothy Roberts, Rob DeSalle and Sarah Tishkoff. 2016. Taking race out of human genetics: engaging a century-long debate about the role of race in science. *Science* 351(6273): 564–5.
- Zaloom, Caitlin. 2006. *Out of the pits: traders and technology from Chicago to London*. Chicago: University of Chicago Press.

图书在版编目（CIP）数据

如何像人类学家一样思考 / (英) 马修·恩格尔克著；
陶安丽译 . -- 上海：上海文艺出版社，2021（2022.8 重印）
（企鹅·鹈鹕丛书）
ISBN 978-7-5321-7891-9

Ⅰ . ①如… Ⅱ . ①马… ②陶… Ⅲ . ①人类学 - 研究
Ⅳ . ① Q98
中国版本图书馆 CIP 数据核字 (2020) 第 270586 号

THINK LIKE AN ANTHROPOLOGIST
Copyright © Matthew Engelke 2017
First Published by Pelican Books, an imprint of Penguin Books 2017
Simplified Chinese edition copyright © 2021 by Shanghai Literature & Art
Publishing House in association with Penguin Random House North Asia.
Penguin（企鹅），Pelican（鹈鹕），the Pelican and Penguin logos are
trademarks of Penguin Books Ltd.

著作权合同登记图字：09-2018-1252

出 品 人：毕　胜
责任编辑：肖海鸥

书　　名：如何像人类学家一样思考
作　　者：[英]马修·恩格尔克
译　　者：陶安丽
出　　版：上海世纪出版集团　上海文艺出版社
地　　址：上海市闵行区号景路 159 弄 A 座 2 楼 201101
发　　行：上海文艺出版社发行中心
　　　　　上海市闵行区号景路 159 弄 A 座 2 楼 206 室 201101 www.ewen.co
印　　刷：苏州市越洋印刷有限公司
开　　本：787×1092　1/32
印　　张：11.5
字　　数：237,000
印　　次：2021 年 8 月第 1 版　2022 年 8 月第 3 次印刷
I S B N：978-7-5321-7891-9/C.0085
定　　价：68.00 元

告 读 者：如发现本书有质量问题请与印刷厂质量科联系 T: 0512-68180628